novatex

意式家具产品及空间搭配案例

艺力国际出版有限公司　编

岭南美术出版社

中国·广州

图书在版编目（ＣＩＰ）数据

NOVATEX：意式家具产品及空间搭配案例 / 艺力国际
出版有限公司编. — 广州 ：岭南美术出版社，2020.7
　　ISBN 978-7-5362-5971-3

　　Ⅰ．①N… Ⅱ．①艺… Ⅲ．①室内装饰设计－世界－
图集 Ⅳ．①TU238-64

　　中国版本图书馆CIP数据核字(2020)第114183号

出 版 人：李健军
责任编辑：刘向上　　张柳瑜
责任技编：罗文轩
特约编辑：李爱红　　沈敏婷
美术编辑：熊礼波

NOVATEX：意式家具产品及空间搭配案例
NOVATEX：YISHI JIAJU CHANPIN JI KONGJIAN DAPEI ANLI

出版、总发行：岭南美术出版社　　（网址：www. lnysw. net）
　　　　　　　　（广州市文德北路170号3楼　邮编：510045）
经　　　销：全国新华书店
印　　　刷：深圳市龙辉印刷有限公司
版　　　次：2020年7月第1版
　　　　　　2020年7月第1次印刷
开　　本：960 mm×1194 mm　1/16
印　　张：18.5
字　　数：50千字

ISBN 978-7-5362-5971-3

定　　价：320.00元

序言

我们是由很多种东西，很多种声音，情绪、角色、想法结合在一起；我们是情感奏响的交响乐。

我们内在的齿轮不断转动，它复杂的相互作用会引起"我们"自身的转变，我们和我们所处的环境像回波频率一样不断地相互回响，像琴弦的合奏一样激荡出千变万化的情感声波。

简而言之，我们的内部世界与外部世界会彼此回应与交流。这二者之间存在一场持续不断的对话，仿佛并没有将我们的皮肤和可渗透的血肉将它们分离。内外世界由一条牢不可破、连续的纽带相连，这条纽带就像融合了土地和水的物质。这种共生的二元性，这种镜像是我们存在的本质，因此，也许我们应该尝试每一种我们能想到的方式，去更多地关注我们的生理和心理环境。

看到年轻一代的设计师和创造者们已经能够自发地考虑地球环境和我们星球的福祉，这一点十分鼓舞人心和令人欣慰。而我们星球的福祉与我们人类密不可分。这种设计意识和设计认知是对内、外世界紧密联结的重申，也反映出我们对外在空间的关注在本质上有助于我们关注自己的内在世界。古文化和文明早已意识到了这一点，但直到现在，我们似乎才开始转向并欣赏这种最基本的幸福。

作为一个没有受过专业训练和教育的创意设计师（我以美术背景出身），我只是纯粹地想把美带入生活中，去创造一个空间，让一个人能够从基本情感层面上向另一个人传达一些有价值的东西，去连接他们。这对我来说就是艺术，它是思想或情感的表达和交流，是分享，是它带来的联系和对话，以及由此引发的问题。艺术提出问题，但艺术就像诗歌一样无需解释，而设计不同，它专注于提供解答。有时，当我们与我们居住的空间，以及与我们共享这些空间的人彼此融合、相互作用时，这些东西也就彼此融合了。

这听起来很复杂，其实不然。它是我们的组成部分，是我们的 DNA，是我们的核心程序，它也解释了为什么当我们遇到伟大的艺术、伟大的设计时会有如此反应——我们的头脑和心灵被唤醒、被震撼，我们的精神被触及被感动。如果艺术和设计从我们的生活中抽离，留给我们的将会是一个扁平的二维世界。

设计风格没有对错，甚至对于如此多的、不同的流派和色彩搭配我心存感恩。设计于我而言最根本的是，"它带给我什么感觉？"对我来说，设计在本质上是一种情感媒介，如果我找不到方法来表达我对艺术或设计（物品或空间）的想法，我会告诉你它给我的感觉；你无需成为一个艺术和设计迷也能表达对一幅画或一个空间的感受。所以，当我翻阅这本书，看到来自世界各地的设计师们令人惊叹的作品时，我的第一反应是心先于意识，情感先于分析。作为设计师，当我们在设计生活、工作、生存空间以及其他与我们对话并不可避免地影响我们福祉的空间时，我们不能忘记或忽视这些简单的人类准则。

设计师的核心是什么？形式、光线、结构、色彩、质地；在这本书里，我们可以看到这些元素是如何经由精心地设计和应用，而后创造出一个个具有个性、特色和精神的物品和空间。

我们已迈入一个新的十年，这个听起来充满未来感的 2020。视力 20—20（2020 vision）意味着最佳的视敏度，它带给人最大的视觉清晰度和锐度。在这个新的十年里，让我们把 2020 vision 的概念应用到我们的环境中，包括内部和外部环境，让我们把它应用到我们设计、创造和着手的所有事情上。我们不需要更多，我们需要更好；我们不需要匆忙，我们要慢下来，更多地思考和关心，思考我们的星球，关心我们的未来和所有人的福祉。

Adam Court，OKHA

目录

产品

项目

访谈

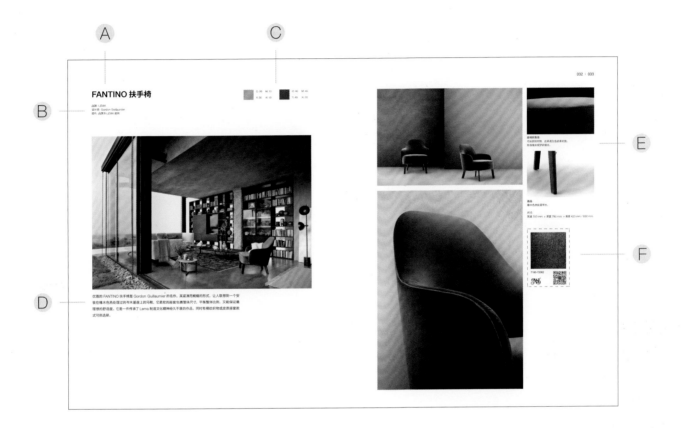

A 作品名称 B 作品信息 C 色彩搭配

D 作品描述 E 产品细节 F 产品布样

* 本书为了更全面展示产品细节，特意选取了部分项目展示产品的原版布样或近似布样。书中所展示的产品布样来自意大利
novabuk、LUILOR 和 NB 三个品牌，在此特别鸣谢其这三个品牌对本书的支持。

1

产品

ALTON 扶手椅

品牌: LEMA
设计师: David Lopez Quincoces
图片: 品牌方 LEMA 提供

 C: 16 M: 16
Y: 13 K: 00

 C: 33 M: 48
Y: 70 K: 00

 C: 70 M: 67
Y: 70 K: 26

座椅:
可拆卸织物或皮革材质衬垫。

结构:
炭黑色喷涂金属结构。

靠背:
细长皮革绳，天然复古涂层。

尺寸:
1030 mm × 785 mm × 380 mm / 635 mm

David Lopez Quincoces 所设计的 ALTON 扶手椅具有雕塑般的美感，它采用了炭黑色喷涂金属结构，以整体半圆形态以及柔软的皮革靠背设计为特色。靠背以细长皮革绳手工编织、缝纫而成，包裹天然复古涂层。框架的整体线条与诱人的座椅相融合，而座椅上织物或皮革材质的座套又使二者形成了精致的风格对比。同时，软垫保证了最大的舒适性。

BAG 小桌

品牌: Longhi
设计师: Giuseppe Iasparra
图片: 品牌方 Longhi 提供

C: 80　M: 50
Y: 35　K: 23

C: 20　M: 50
Y: 60　K: 40

C: 80　M: 65
Y: 55　K: 60

底座:
织物或皮革。

框架表面涂层:
亮金色，哑光香槟金色，亮铬色，亮黑铬色，哑光缎面铜色。

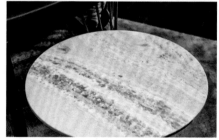

桌面:
手工雕刻黄铜，哑光乌木，哑光卡纳莱托胡桃木，黑金花大理石，优雅棕色大理石，页岩红木大理石，银色波纹大理石，黑白花大理石，星冰乐大理石，卡拉卡塔金色大理石，深咖网纹大理石。

尺寸:
1030 mm × 785 mm × 380 mm / 635 mm

小桌子，主框架由车削金属制成。底座带有一个木质加金属的组合结构，外覆高密度聚氨酯泡沫。泡沫外可用目录册中提供的织物或是皮革进行包覆。可缝制成簇状的 "Capitonnè" 式表面，上面使用单色纽扣或是施华洛世奇水晶扣，也可缝制成辐射状，包覆四周。外罩不可拆卸。

4264-19

PARABOLICA 扶手椅

品牌: Paolo Castelli
设计师: Vittorio Paradiso
图片: 品牌方 Paolo Castelli 提供

C: 05 M: 05 Y: 05 K: 00		C: 20 M: 30 Y: 60 K: 00	
C: 48 M: 28 Y: 50 K: 00		C: 64 M: 34 Y: 32 K: 00	

座套:
织物,细皮革,磨绒皮。

结构:
电镀抛光金属。

尺寸:
73 cm × 80 cm × 73 cm

PARABOLICA 扶手椅是一把精致的豪华座椅,适用于各类休息区、等候区、入口区和生活空间,能为交流提供理想的舒适场所。座椅的形态非常突出,带有类似抛物线的效果,并以此得名。

CHIGNON 扶手椅

品牌: Gebrüder Thonet Vienna
设计师: LucidiPevere
图片: 品牌方 Gebrüder Thonet Vienna 提供

 C: 15 M: 10
Y: 05 K: 00

 C: 80 M: 70
Y: 65 K: 32

框架:
弯曲的山毛榉木。

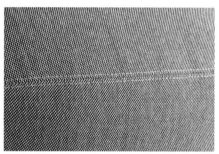

座椅及靠背:
不同密度的聚氨酯泡沫塑料和聚酯纤维。

尺寸:
高度 800 mm × 宽度 880 mm × 深度 750 mm

LucidiPevere 设计的 CHIGNON 扶手椅挑战了品牌经典的设计美学，但仍力求简约、轻松，据设计师 LucidiPevere 的概念设想，CHIGNON 扶手椅设计上柔软与轻盈并重，带来一种微妙的复古感。木框架的曲线设计决定了座椅的内凹形式，它给予舒适、宽敞的座椅以支撑，并使得两个山毛榉木轴之间的靠背垫呈现鼓起的状态，形态上类似发髻，是 GTV 品牌的一种经典卓越的风格。这是一种有意为之的设计效果，它让产品在形式上更加女性化，但却不以纤细或精致来表达，而是体现一种形态和性感，具有强烈的标志性。它能够完美定义任何家庭空间，也能在工作环境中创造一种轻松的氛围。

LOÏE 休闲椅

品牌: Gebrüder Thonet Vienna
设计师: Chiara Andreatti
图片: 品牌方 Gebrüder Thonet Vienna 提供

C: 03	M: 13		C: 20	M: 30
Y: 28	K: 00		Y: 60	K: 00
C: 38	M: 30		C: 00	M: 00
Y: 33	K: 00		Y: 00	K: 100

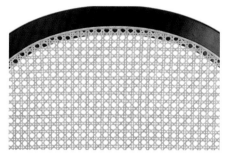

靠背:
编织藤条或织网。

椅套:
织物。

框架:
弯曲岑木。

尺寸:
高度 940 mm × 宽度 740 mm × 深度 700 mm

Chiara Andreatti 有着均衡的设计样式和对高端工艺的热情,她所打造的品牌 LOÏE 是一个具有流畅曲线的休闲椅,设计上兼容了舒适性与精致感。对优雅工艺的追求与将传统与现代的完美结合使得这个座椅能够与各种材料,如木材、编织藤条和金属和谐共融。环绕的编织藤条或工艺网编靠背搭配弯曲岑木制成的椭圆框架结构是这个座椅的显著特色。椅背编织有复杂的双辐条图案,可使用胡桃色或不透明黑色漆进行饰面,并使用同色可见钉。

HIDEOUT LOVESEAT 沙发

品牌: Gebrüder Thonet Vienna
设计师: Front
图片: 品牌方 Gebrüder Thonet Vienna 提供

 C: 15 M: 20
Y: 50 K: 00

 C: 75 M: 65
Y: 65 K: 20

C: 80 M: 75
Y: 80 K: 55

侧面元素:
编织藤条。

软垫座椅和靠背:
聚氨酯泡沫填充。

尺寸:
高度 1170 mm × 宽度 1460 mm × 深度 830 mm

HIDEOUT LOVESEAT 双人沙发是 Front 工作室对这一品牌下最畅销的一款同名座椅的风格特点的再定义。舒适而精致的休闲椅设计，重新诠释了 Gebruder Thonet Vienna 的经典线条和材质选用，从而革新了品牌原有的独特风格。以蒸汽弯曲的实心方形山毛榉木框架定义了沙发的整体廓形，框架内是带有舒适软垫的座椅和中心靠背，辅之以两个宽大、与椅背同高的以藤条编织的侧翼。

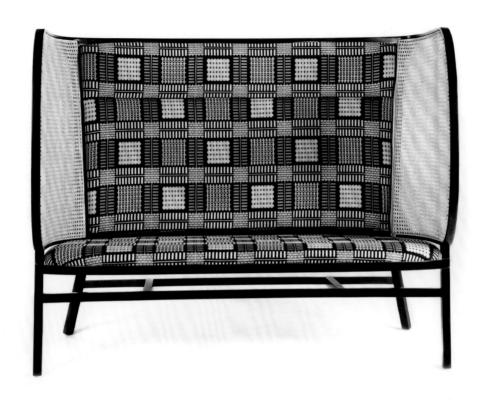

MOS 长凳

品牌: Gebrüder Thonet Vienna
设计师: GamFratesi
图片: 品牌方 Gebrüder Thonet Vienna 提供

 C: 10 M: 10 Y: 30 K: 00

 C: 30 M: 20 Y: 20 K: 00

 C: 00 M: 00 Y: 00 K: 100

GamFratesi 工作室通过对 MOS 长凳的尺寸进行精校，使其具备双重功能，作为座椅使用的同时，也可以作为一个有着开放式置物架的收纳柜使用。在一件传统家具中融入当代元素，莫斯长凳专为卧室而制，且尤其适合置于床尾。然而，它设计上的微妙精巧让它在大厅或休息室中使用也毫不逊色。它具有圆润而精致的美感，椭圆的形态，而当你注意到它的细节时，它才向你显示出自己真正的价值，例如那清新的编织藤条外壳，它隐藏起下部隔层，并将座位与椅脚及它的黄铜底座连为一体。长凳结构由弯曲的山毛榉木制成，而长凳的表面使用白坯上漆岑木，上面配有一个全尺寸的软垫。同时也有短尺寸软垫供选择，或无软垫椅座。

框架:
白坯涂漆岑木。

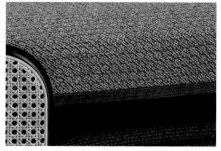

软垫座椅带可拆卸座套（皮革材质椅套不可拆卸）。

尺寸:
高度 440 mm × 高度 1360 mm × 深度 430 mm

PROMENADE 休闲座椅

品牌: Gebrüder Thonet Vienna
设计师: Philippe Nigro
图片: 品牌方 Gebrüder Thonet Vienna 提供

 C: 07 M: 14
Y: 24 K: 00

 C: 35 M: 22
Y: 60 K: 00

 C: 54 M: 60
Y: 66 K: 05

这个座椅被赋予了极具说服力的装饰语言，其灵感来自于极简主义以及对上世纪维也纳分离运动细节
的研究。

50069-99

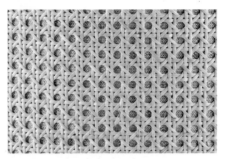

装饰：
座椅靠背上部使用编织藤条。

座垫：
填充不同密度的聚氨酯泡沫、鹅毛和聚酯。

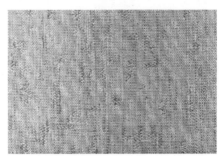

面板：
织物覆盖。

框架：
山毛榉木。

尺寸：
高度 840 mm × 宽度 800 mm × 深度 800 mm

PROMENADE 沙发

品牌: Gebrüder Thonet Vienna
设计师: Philippe Nigro
图片: 品牌方 Gebrder Thonet Vienna 提供

	C: 30 M: 40		C: 45 M: 35
	Y: 40 K: 00		Y: 35 K: 00

从木艺到方形横截面，这种舍弃圆截面的做法始于 1906 年的 "Postsparkasse" 系列。Philippe Nigro 的作品具有裸露的结构，整体上以卡纳莱托胡桃木为依托，支撑宽敞而舒适的椅垫，并进一步利用柔软的鹅毛或聚酯垫子，来获得最大程度的舒适。

在设计中，整体框架有了织物包覆的面板才算完整，这种结构赋予了沙发独特的价值，尤其是当沙发被放置在房间的中心位置时，裸露出编织藤条装饰（可选）的靠背上部，这样的额外细节点亮了沙发的正面和侧面。它是一种适合家庭空间的柔软新概念，它代替了朴素的元素，为您的客厅引入了一系列放松身心的解决方案，体现了 GTV 的美学风格元素。

结构:
卡纳莱托胡桃木。

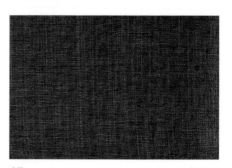

座垫:
由不同密度的聚氨酯泡沫和鹅毛或聚酯填充而成。

面板：
织物覆盖，上部外罩可选择编织藤条。

SOFIA 座椅

品牌: Paolo Castelli
设计师: Paolo Castelli
图片: 品牌方 Paolo Castelli 提供

 C: 07　M: 10
Y: 18　K: 00

 C: 20　M: 25
Y: 55　K: 05

C: 45　M: 45
Y: 50　K: 00

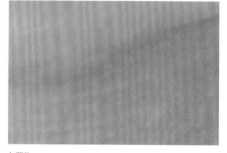

包覆物:
不可拆卸的优雅天鹅绒、细皮革或磨绒皮。

结构:
弯曲的多层木材，填充高密度聚氨酯。

尺寸:
49 mm × 60 mm × 91 mm

索菲亚是一张精致而舒适的椅子，其外形致敬了 20 世纪 30 年代的设计，能够用于每一种生活环境或集体空间，具有高度的视觉吸引力。索菲亚有带扶手和不带扶手两种设计可选。

STRAPUNTINO 座椅

品牌: Paolo Castelli
设计师: Paolo Castelli
图片: 品牌方 Paolo Castelli 提供

C: 00 M: 30 Y: 85 K: 00		C: 20 M: 25 Y: 55 K: 05	
C: 78 M: 75 Y: 63 K: 31			

不可拆卸外套:
织物、细皮革或磨绒皮。

框架:
哑光黑漆山毛榉木，哑光拉丝黄铜涂层。

尺寸:
42 cm × 59 cm × 82 cm

这把椅子体现了当代设计的精髓和对传统的铭记。框架，虽设计简约但其比例精致。它采用哑光黑漆山毛榉木制成，细节处饰以哑光拉丝黄铜，保证了这张多功能座椅的魅力。填充物使用聚氨酯，置入了不同密度的泡沫聚氨基甲酸乙酯。外套可选用雅致的织物面料、细皮革或磨绒皮。外套不可拆卸。

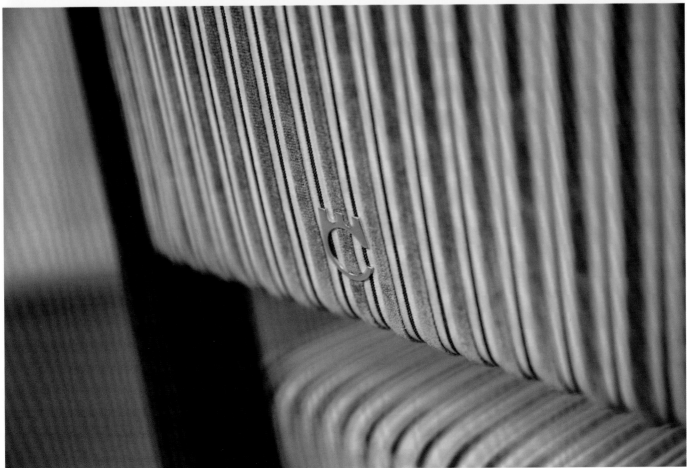

FANTINO 扶手椅

品牌: LEMA
设计师: Gordon Guillaumier
图片: 品牌方 LEMA 提供

C: 30　M: 10
Y: 35　K: 10

C: 40　M: 45
Y: 45　K: 55

优雅的 FANTINO 扶手椅是 Gordon Guillaumier 的名作。其紧凑而蜿蜒的形式，让人联想到一个安装在橡木色热处理过的岑木基座上的马鞍，它柔软的座套包裹整体尺寸，平衡整体比例，又能保证最理想的舒适度。它是一件传承了 Lema 制造文化精神经久不衰的作品。同时有横纹织物或皮质座套款式可供选择。

座椅和靠背:
可拆卸的织物、皮革或生态皮革衬垫；
标准缝合或罗纹缝合。

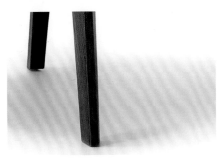

基座:
橡木色热处理岑木。

尺寸:
宽度 700 mm × 深度 790 mm × 高度 420 mm / 830 mm

7193-72062

SKYLINE 组合沙发

品牌: GIORGETTI
设计师: CARLO COLOMBO
设计工作室: CARLO COLOMBO ARCHITECT
图片: 品牌方 GIORGETT 提供

C: 00   M: 00   Y: 00   K: 10
C: 30   M: 25   Y: 20   K: 00
C: 70   M: 60   Y: 50   K: 05

扶手和靠背:
高密度泡沫聚氨基甲酸乙酯，纤维覆盖。

座椅:
膨松柔性多密度聚氨酯及记忆海绵，柔性热敏材料。

配件:
鹅绒靠垫带可拆卸织物或皮革外套:
60 cm × 60 cm 和 40 cm × 40 cm

尺寸:
132 cm × 105 cm × 高度 97,9 cm
162 cm × 105 cm × 高度 97,9 cm
282 cm × 105 cm × 高度 97,9 cm

从一到多，得益于 SKYLINE 组合沙发，它们可以被多次重复配置，或将其他辅助元素转变为扶手使用。最为先进的细节表现在斜倚机制上，它允许枕头倾斜，以获得最好的放松体验。

SUZENNE 休闲椅

品牌: Gebrüder Thonet Vienna
设计师: Chiara Andreatti
图片: 品牌方 Gebrüder Thonet Vienna 提供

C: 10　M: 13
Y: 18　K: 00

C: 00　M: 00
Y: 00　K: 10

C: 00　M: 00
Y: 00　K: 100

具有软垫的座椅和靠背。

框架:
弯曲山毛榉木和编织藤条。

尺寸:
高度 820 mm × 宽度 850 mm × 深度 780 mm

Chiara Andreatti 设计的 SUZENNE 休闲椅充满了当代精神，优雅地呈现了 Gebrüder Thonet Vienna 的品牌特征：弯曲的黑漆山毛榉木和编织藤条。这把椅子以流畅的弯曲山毛榉木结构为特色，在弯曲的山毛榉木框架搭配靠背上或直或弯的编织藤条。座椅和靠背上的垫衬柔软舒适，就像花朵从茎杆上长出一样。

TAIKI 扶手椅

品牌: LEMA
设计师: Chiara Andreatti
图片: 品牌方 LEMA 提供

座椅:
可拆卸织物、皮革或生态皮革衬垫。

结构:
橡木色热处理岑木。

尺寸:
宽度 960 mm × 深度 870 mm × 高度 700 mm / 420 mm

作为与 Chiara Andreatti 合作的设计，舒适怡人的 TAIKI 扶手椅重新诠释了在当代基调下的经典形式。手工缝制的针脚细节为扶手椅增添了现代气息，但依旧能够清晰地看到它对 Le Corbusier 系列的线条和比例的借鉴，而橡木色热处理岑木结构则为座椅增添了一抹东方气息。

YVETTE 床头板

品牌: Gebrüder Thonet Vienna
设计师: Chiara Andreatti
图片: 品牌方 Gebrüder Thonet Vienna 提供

装饰:
编织藤条。

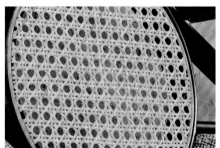

中部软垫带可拆卸衬套。

框架:
弯曲山毛榉木和金属。

尺寸:
高度 1200 mm × 宽度 2000 mm × 深度 80 mm

Chiara Andreatti 在设计 YVETTE 床头板时借鉴了美好时代（Belle Époque）时期流行的装饰形式，融入了微妙的女性气质和大胆的创意火花。YVETTE 的图案风格有着兼收并蓄的新鲜感，它以其曲线侧写来吸引眼球，有着或黑漆色、或原木色木材和黑色金属管组成的框架。整个床头板成为墙面上一幅精致的图案。带垫衬的中部床头板柔和了整体设计，平衡了正中位置编织藤条制成的圆形装饰。而编织藤条则是这一品牌的代名词。

COHEN 沙发

品牌: Longhi
设计师: GIUSEPPE IASPARRA
图片: 品牌方 Longhi 提供

C: 15　M: 10
Y: 05　K: 00

C: 55　M: 45
Y: 35　K: 30

C: 40　M: 45
Y: 50　K: 55

该系列有两种类型的扶手：高扶手为软垫填充，带绗缝条纹设计；低扶手为金属材质，低扶手使用 Longhi 品牌下金属，搭配玛瑙和大理石制成的可调节背光置物台。另一个特点是它的模块组合：多用途的角元素能够实现不同的组合搭配。全开口角椅可以进行不同的组合或单独作为休闲椅使用。不同类型的小桌子有着各自特定的用途，完善了这个系列的功能性：整体以皮革或织物包覆，桌面采用不同颜色的大理石、木材或镜面，在矩形小桌上可选择放置一个实用的酒吧小柜或储物小柜。

沙发结构由木材和高弹力松紧带组成，表面覆盖高密度聚氨酯泡沫。坐垫采用灭菌鹅绒，填塞在多密度的聚氨酯泡沫中，椅面采用圆形记忆泡沫，以更好地抵抗长时间的挤压。靠背软垫由多种材料填充多层填充物，由经过消毒的软鹅绒和 Rollo II（一种合成织物）、聚氨脂泡沫芯混合而成，使坐垫柔软舒适，同时防止羽绒坐垫塌陷的典型问题。

扶手：
高扶手是使用填充物与绗缝条纹设计；
低扶手使用 Longhi 品牌下金属，搭配玛瑙和大理石，
制成的可调节背光植物台。

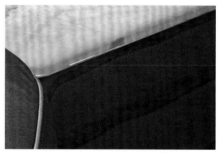

桌子：
用皮革或织物包覆，大理石台面，木头或镜面，
多色可选。

座垫：
灭菌鹅毛，多密度聚氨酯泡沫，圆形记忆泡沫表面。

尺寸：
沙发：高度 75 cm × 240 cm × 105 cm – 300 cm × 105 cm
角桌：高度 75 cm × 165 cm × 165 cm

DAPHNE 座椅

品牌: Longhi
设计师: GIUSEPPE IASPARRA
图片: 品牌方 Longhi 提供

 C: 05 M: 05 Y: 17 K: 00

 C: 20 M: 25 Y: 55 K: 05

包覆物:
织物或皮革。

基座和框架:
金属。

尺寸:
沙发: 高度 82 cm × 55 cm × 56 cm

金属框架利用高密度泡沫塑造成型。不可转动的金属基座有以下几种表面颜色处理: 亮金色、哑光香槟金、亮铬色、亮黑铬色、哑光拉丝铜色。由于制造工艺的特殊性，织物或皮革座套不可拆卸。

DOROTHY 扶手椅

品牌: Longhi
设计师: GIUSEPPE IASPARRA
图片: 品牌方 Longhi 提供

 C: 15 M: 38 Y: 50 K: 17

 C: 32 M: 30 Y: 50 K: 13

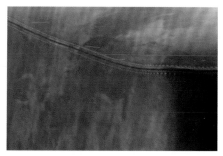

座椅:
木材，皮革或织物座套。

靠背垫:
灭菌鹅绒，皮革或织物垫套。

尺寸:
高度 78 cm × 75 cm × 74 cm

4005M-1115

novabuk®

DOROTHY 扶手椅的金属靠背由激光切割的框架和手工组装的金属管组成，表面镀铬，有亮金色、哑光香槟金、亮铬、亮黑铬、哑光缎造铜色、亮粉金色、哑光粉金色这些色彩汇集而成。座椅承重结构利用铁嵌件，在泡沫中进行冷模压铸而成，这一过程需使用指定模具。框架上的垫衬只使用热粘皮革，通过手工进行黏连。座椅部分由木材和聚氨酯泡沫材料制成，有三层密度，使用不可拆卸的皮革或织物座套。靠背位置带有靠垫，外覆可拆卸皮革或织物。

JOEY 扶手椅

品牌：FRIGERIO
图片：品牌方 FRIGERIO 提供

JOEY 扶手椅，除皮革材质外的座套可拆卸。整个设计的包覆物使用了整体一致的面料和颜色。底座为酸洗或拉丝打磨的黄铜，采用滚边设计。对称的套管，闪闪发光的底座实现了完全的托撑包裹。乔伊扶手椅作为精致的家居用品，能为任何环境添姿加彩。

 C: 20 M: 25 Y: 55 K: 05

 C: 65 M: 60 Y: 80 K: 15

 C: 20 M: 25 Y: 55 K: 05

包覆物：
皮革或织物。

尺寸：
82 cm × 77 cm × 高度 70 cm

JOEY 圆凳

品牌: FRIGERIO
图片: 品牌方 FRIGERIO 提供

JOEY 圆凳系列，有不同形状和尺寸可选，除皮革材质外的座套可完全拆卸，有特定廓形，形态以同色或对比色的锁边设计决定。整个填充结构因为黄铜底座的使用而得到升华，被赋予了当代设计带来的奢华感。

	C: 09 M: 12 Y: 24 K: 00		C: 82 M: 78 Y: 69 K: 47
	C: 20 M: 25 Y: 55 K: 05		C: 20 M: 25 Y: 55 K: 05

包覆物:
织物或皮革;
结构体使用不变形的聚氨酯填充。

NOBU 沙发

品牌: Longhi
设计师: GIUSEPPE IASPARRA
图片: 品牌方 Longhi 提供

 C: 30 M: 30 Y: 35 K: 10

 C: 20 M: 25 Y: 55 K: 05

C: 95 M: 85 Y: 65 K: 45

包覆物:
织物或皮革。

软垫:
灭菌鹅绒，内置多层聚氨酯泡沫。

NOBU 沙发采用木框架加松紧带，外覆高密度、多厚度的聚氨酯泡沫。坐垫使用灭菌鹅绒，内嵌多层聚氨酯泡沫，增强"粘软"效果。靠背垫也使用灭菌鹅绒，内嵌柔性聚氨酯泡沫。外部垫衬为绗缝缝合。木质底座使用同材质衬套。底座金属装饰圈有多种表面涂层可选：亮金色、哑光香槟金、亮黑铬色、亮铬色或哑光拉丝铜色。矮扶手的上部元素可以是金属表面（与底座金属环配套）或以下大理石表面：优雅棕色大理石，页岩红木大理石，银色波纹大理石，黑白花大理石，星冰乐大理石，卡拉卡塔金色大理石，深咖网纹大理石。彩色镜面可选粉红色、蓝色、铜色或烟熏色。座套完全可拆卸。沙发采用了缩减过的深度（95 cm）。

装饰圈:
金属。

PERCY 地毯

品牌: Longhi
设计师: GIUSEPPE IASPARRA
图片: 品牌方 Longhi 提供

C: 10　M: 16
Y: 24　K: 05

C: 60　M: 62
Y: 60　K: 07

C: 20　M: 25
Y: 55　K: 05

这款地毯使用木制织布机手工织就。由于它们为天然色彩，所显现出的色调需要作为样例来考虑。

PERCY 地毯也可根据客户要求进行定制。

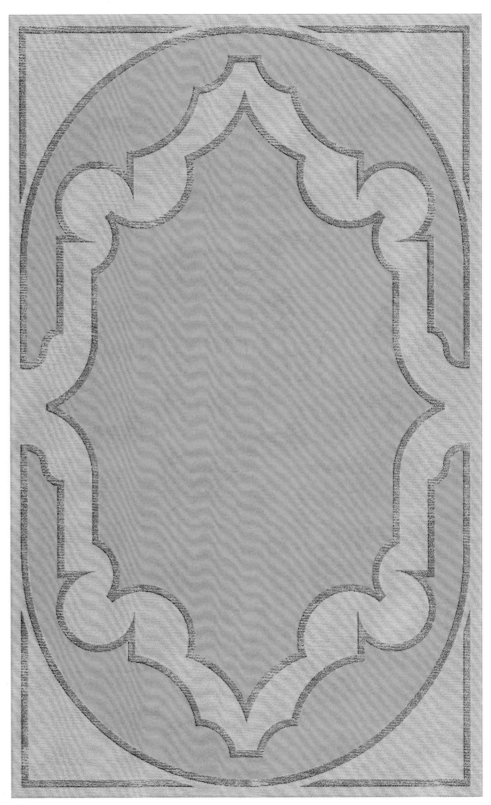

材料:
羊毛和丝。

尺寸:
400 cm × 300 cm

SHEFFIELD 沙发

品牌: Longhi
设计师: GIUSEPPE IASPARRA
图片: 品牌方 Longhi 提供

SHEFFIELD 沙发设计为模块化沙发，可与多种家具组合。沙发亮点在于靠背垫的高度可调，它通过一个可 90 度旋转的机械装置，能将靠背升降到理想的位置。靠背垫填充软硬适中的聚氨酯泡沫，外覆柔软的消毒鹅绒护套。靠背垫可通过实用的卡口接头与主体结构分离，且护套可以拆卸。外部结构由高密度聚氨酯泡沫包覆木材构成，外层衬垫使用皮革或织物材料，有着优雅的条状绗缝设计。座椅由木制底座和不变形的弹性带制成，搭配不同密度聚氨酯泡沫填充的衬垫。坚固的底座能够维持座椅的稳定性，防止座椅塌陷。在坐垫中心位置嵌入了透气材料，它是一种革新的开孔聚氨酯泡沫，能够高效抗老化和抗变形，并保证了湿气的发散，为使用者提供了极致的舒适感。最后，使用记忆泡沫，在外包覆上衬套并用树脂使彼此粘连，可以保证座椅迅速恢复到最初的形状。底座衬垫无法拆卸。椅脚使用特殊设计的镭射金属，可与金属环搭配起到装饰作用。椅脚金属有亮金色和哑光香槟金色可选。

靠背垫：
聚氨酯泡沫，柔软消毒鹅绒护套。

外部结构：
木材，高密度聚氨酯泡沫，皮革或织物衬套，
条状绗缝设计衬垫。

 C: 20 M: 18
Y: 22 K: 00

 C: 38 M: 37
Y: 44 K: 17

包覆物：
皮革或织物。

TREASURE 地毯

品牌: Longhi
设计师: GIUSEPPE IASPARRA
图片: 品牌方 Longhi 提供

C: 18 M: 17
Y: 17 K: 00

C: 18 M: 21
Y: 27 K: 00

C: 20 M: 25
Y: 55 K: 05

这款地毯使用木制织布机手工织就而成。由于它们选用天然色彩，所显现出的色调需要作为样例来考虑。地毯也可根据客户要求进行定制。

材料:
羊毛和丝。

尺寸:
400 cm × 300 cm

ROULETTE 吊灯

品牌: Paolo Castelli
设计师: Paolo Castelli
图片: 品牌方 Paolo Castelli 提供

C: 00　M: 00
Y: 00　K: 00

C: 11　M: 20
Y: 38　K: 00

C: 00　M: 00
Y: 00　K: 100

结构:
天然拉丝黄铜金属部件，外刷透明哑光清漆保护层。

灯罩:
天然蕉麻纤维、山东绸、手工吹制硼硅酸盐玻璃球。

尺寸:
Ø 90 cm / 60 cm, 高度 34 cm

这个圆柱形吊灯为金属结构，金属表面为铜色，灯罩内外层使用象牙白色织物，内部装有现代 LED 光源。灯罩的外部以一条装饰带修饰，上面覆盖着精细的手工编织的自然纤维织物，颜色为暗铜色。

RUE 床头板

品牌: Gebrüder Thonet Vienna
设计师: GamFratesi
图片: 品牌方 Gebrüder Thonet Vienna 提供

C: 10 M: 15
Y: 25 K: 00

C: 42 M: 35
Y: 36 K: 00

C: 82 M: 80
Y: 74 K: 60

床头板:
编织藤条和软垫。

RUE 床头板凝聚了 GamFratesi 品牌简洁的线条和北欧风情。它使用低调而大方的椭圆形态,通过不同的厚度来实现对重叠元素的精心配置。这款由弯曲山毛榉木结构制成的床头板有两种款式供选择。第一种,编织藤条——GTV 的标志性细节,与柔软的床头垫相重叠,而第二种则是编织藤条被嵌入外部椭圆框架内。

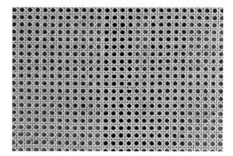

床头板:
编织藤条和软垫。

尺寸:
高度 730 mm × 宽度 2500 mm × 深度 130 mm

ALISON Divano 沙发

品牌: Porada
设计师: A. Borgogni
图片: 品牌方 Porada 提供

	C: 56 M: 40		C: 30 M: 60
	Y: 30 K: 18		Y: 64 K: 40
	C: 65 M: 56		
	Y: 87 K: 14		

这款沙发的框架使用坚实的卡纳莱塔胡桃木，座套使用同系列织物，可拆卸替换。沙发自带两个羽毛填充的靠垫，上面的纽扣同样使用卡纳莱塔胡桃木。座椅座套和靠垫外套的样式可以进行自由组合。

包覆物:
织物。

靠垫:
羽毛填充。

ALISON 扶手椅

品牌: FLEXFORM
设计师: Carlo Colombo
设计工作室: CARLO COLOMBO ARCHITECT
图片: 品牌方 FLEXFORM 提供

	C: 56 M: 40		C: 57 M: 56
	Y: 30 K: 18		Y: 70 K: 05
	C: 56 M: 40		
	Y: 30 K: 18		

框架:
卡纳莱托胡桃木，咖啡色卡纳莱托胡桃木，柚木色岑木，
染色乌木，染色鸡翅木，染色樱桃木，染色胡桃木，
或是咖啡色或棕色。

椅脚:
拉丝镀铬抛光黑色镀铬或香槟色金属。

包覆物:
可拆卸的织物或皮革。

座椅:
木材与泡沫聚氨酯坐垫，外覆保护性织物面料。

尺寸:
75 cm × 81 cm × 高度 73 cm

ALISON 扶手椅的户外版保持了原始设计的特点，并在材料上进行了新的诠释，以确保户外使用的最佳体验。扶手椅的弧形结构由压制铝材制成，表面进行环氧树脂涂层，有白色、卡其绿、酒红色；或直接进行铝抛光或拉丝。底座使用船用胶合板。靠背由聚氨酯橡胶制成，颜色范围从大地色到波尔多红到橄榄绿。座椅和靠背软垫可以使用室外纺织系列的任何面料进行装饰。

ALMA 扶手椅

品牌: LEMA
设计师: Dainellistudio
图片: 品牌方 LEMA 提供

 C: 20　M: 29
Y: 35　K: 00

 C: 39　M: 60
Y: 68　K: 00

 C: 71　M: 69
Y: 74　K: 35

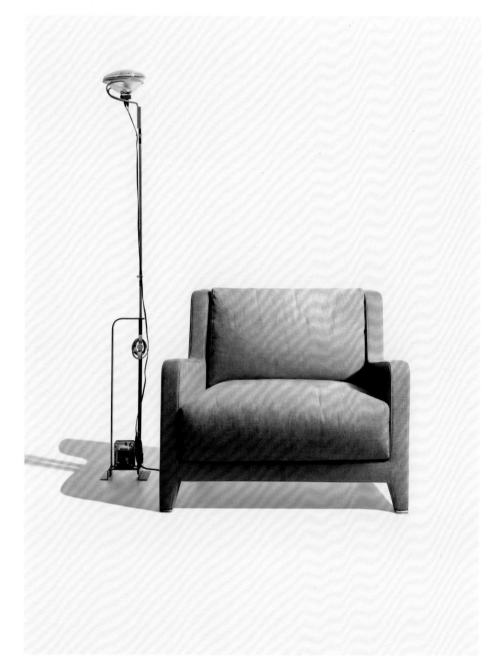

包覆物:
织物或皮革。

椅脚:
黄铜。

框架:
金属。

尺寸:
740 mm × 900 mm × 900 mm

ALMA 扶手椅由 Dainellistudio 设计，具有很强的装饰性。这是一张造型丰富、格调高雅的扶手椅，是对 20 世纪 40 年代风格的现代诠释。它呈包覆状的形态搭配座椅和靠背上的软垫，为生活引入了 Lema 对舒适性全新而优雅的表达。这个项目的基础落在 Lema 品牌与设计师之间的设计文化，即尊重工匠精神，而工匠精神是设计师之名的主要体现。ALMA 扶手椅的强烈魅力同样体现在精致的衬套选择上，它可以是织物或皮革。而它复古风格的灵魂可以在细节看到，比如脚上的黄铜饰板。配套的脚凳也是项目的一部分。

BABI 座椅

品牌: LEMA
设计师: Gordon Guillaumier
图片: 品牌方 LEMA 提供

C: 29　M: 23
Y: 22　K: 00

SOLAIA-16

LUILOR®

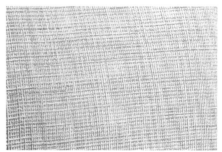

包覆物:
织物、皮革。

靠背和扶手:
织物或皮革。

腿:
木材。

尺寸:
500 mm × 580 mm × 高度 770 mm
570 mm × 580 mm × 高度 770 mm

精心设计的舒适的多功能座椅。BABI 餐椅和小软垫安乐椅的尺寸适中，但结构结实，它们迎合时尚，却具有与生俱来的品位。靠背和扶手设计的形状与可供选择的织物与皮革垫衬相辅相成。它使用统一的材料，特点在于木质椅脚，外部覆盖可拆卸织物或皮革。腿部材料也可选用热处理过的橡木色岑木。

WARP 双人床

品牌: LEMA
设计师: Francesco Rota
图片: 品牌方 LEMA 提供

C: 19 M: 16 Y: 13 K: 00		C: 56 M: 43 Y: 32 K: 00	
C: 63 M: 80 Y: 79 K: 63		C: 72 M: 59 Y: 88 K: 25	

WARP 双人床风格轻快不拘，设计上采用大方的形状来凸显横向线条，与具有精致的垂直缝合设计的软垫床头形成鲜明对比。另有容器盒造型可选。它是一个精工细作的范例，完美地结合了意大利工艺传统和最新的技术，能够给予使用者极大舒适感。

可用织物或皮革包覆。

GREENE 沙发

品牌: Living Divani
设计师: David Lopez Quincoces
图片: 品牌方 LEMA 提供

	C: 17	M: 20		C: 74	M: 73
	Y: 25	K: 00		Y: 71	K: 40

David Lopez Quincoces 为 Living Divani 2019 系列所设计的 GREENE 扶手椅和沙发组合。它们采用固定的尺寸，以柔和的曲线来凸显自身的轻松舒适：结构鲜明，线条柔软，搭配大量的软垫，并以纤细椅脚站立，进一步体现了设计对每一个小细节的关注。抱枕以及衬垫有皮革和布艺款式可选；布艺款式的搭配拉链和尼龙搭扣，是可替换的。

软垫:
织物或皮革。

靠背和扶手结构垫衬:
织物或皮革。

尺寸:
长度 218 cm / 267 cm / 316 cm × 深度 96 cm × 高度 72 cm

Sveva 软椅

品牌: FLEXFORM
设计师: Carlo Colombo
设计工作室: CARLO COLOMBO ARCHITECT
图片: 品牌方 FLEXFORM 提供

C: 45 M: 55
Y: 48 K: 00

底座:
旋转系统,铸铝材质,表面拉丝、镀铬、镀黑铬、抛光
或香槟色处理。
坐垫由热塑性材料制成。

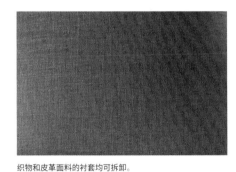

织物和皮革面料的衬套均可拆卸。

结构:
专利材料填充,包括各种专利材料组合。

座垫:
采用灭菌鹅绒(assopiuma 认证,金色标签),
内置防撞物。

牛皮包覆的 Sveva 扶手椅的弯曲包络线条也被用在了全垫衬 Sveva 软椅中。它柔软的垫衬由一种特
殊的聚合物制成,能够提供强大的结构支持;鹅绒填充的座椅垫,确保了出色的柔软度和舒适度。铸
铝旋转底座可选择四辐条或五辐条设计,有拉丝、镀铬、抛光、镀黑色铬或香槟色表面涂层选择。
Sveva 软椅的座套可完全拆卸。另有法式高背款式。

Sveva 系列沙发

品牌: FLEXFORM
设计师: Carlo Colombo
设计工作室: CARLO COLOMBO ARCHITECT
图片: 品牌方 FLEXFORM 提供

C: 26　M: 46
Y: 51　K: 00

结构:
采用硬质聚氨酯, 牛皮衬套。

坐垫 / 靠背软垫:
采用灭菌鹅绒 (assopiuma 认证, 金色标签),
内嵌防撞材料。

沙发底座:
铸铝, 拉丝, 镀铬, 黑铬, 抛光或香槟色;
坐垫由热塑性材料制成, 座套可拆卸, 有织物或皮革材质。

尺寸:
188 cm × 95 cm × 高度 92 cm

Sveva 扶手椅特有的精致轮廓和大方舒适的形状在其同名沙发中也得到了沿用。形态优美的造型由硬质结构聚氨酯制成, 使用牛皮包覆, 而软座和靠背垫则用鹅绒填充。沙发被置于优雅的铸造铝质底座上, 有拉丝、镀铬、抛光、镀黑色铬或香槟色表面处理可选。就像扶手椅一样, Sveva 沙发也能将牛皮外套 (有多种颜色可供选择) 和靠垫衬套 (织物或皮革) 进行多种组合设计。由于其紧凑的比例, Sveva 沙发被赋予了一种独特的风格, 十分雅致, 适用于住宅或各类待客空间。

Wendy 扶手椅

品牌: Porada
设计师: C. Ballabio
图片: 品牌方 Porada 提供

 C: 18 M: 15
Y: 75 K: 09

 C: 46 M: 64
Y: 69 K: 03

 C: 74 M: 67
Y: 64 K: 22

座椅:
软垫装饰，座套可使用同系列织物；坐垫和靠背面料可进行不同组合，并购买同色系或对比色纽扣。

尺寸:
宽度 63 cm × 深度 63 cm × 高度 74 cm

Wendy 扶手椅是 Porada 品牌下的一个非典型作品，它利用 "角落" 的设计概念，给人留下深刻印象，并创造出一种不同的感觉。与大多数休闲椅不同，它并不采用倾斜设计，且底座完全对称。

LENIE 扶手椅

品牌: Porada
设计师: M. Walraven
图片: 品牌方 Porada 提供

  C: 10 M: 05
Y: 09 K: 00

  C: 36 M: 56
Y: 60 K: 09

包覆物:
面料, 坐垫和靠背面料可进行不同组合。

框架:
实心胡桃木。

尺寸:
宽度 64 cm × 深度 73 cm × 高度 79 cm

这把椅子不仅舒适, 也是装饰客厅空间的好帮手。LENIE 扶手椅的拱形靠背和倾斜的椅腿令人惊喜。这种设计参考了 70 年代的经典设计。

ALMORA 扶手椅和脚凳

品牌: B&B Italia
设计师: Nipa Doshi and Jonathan Levien
图片: 品牌方 B&B Italia 提供

"ALMORA 扶手椅的神奇和神秘之处在于，螺丝是看不见的！"设计师 Doshi Levien 说道。用来制作扶手椅的材料彼此组合，就像那些组成一件珠宝的各个部分一样。它实际上带有隐藏的机械连接，连接起两个锥形壳体，一个用于座椅，一个用于靠背，还有一个连接头枕，但嵌入靠背的头枕视觉上却像与靠背稍稍分离。

以放松为目的，这把转椅由两个圆锥形的玻璃纤维壳体组成：座椅结构连接起底座和靠背。

头枕部分是一块弯曲的橡木，内部进行了填充，由靠背向外延伸。这把椅子以各种元素、材料和皮革衬套恰到好处的组合为特色——头枕套也可选择美利奴羊毛。

头枕套:
天然或深棕色美利奴羊毛。

头枕外层结构:
贴面山毛榉木多层板：灰橡木色，拉丝浅橡木色，拉丝黑橡木色或熏染橡木色。

外层结构与衬垫间的固定物:
塑料夹。

扶手椅旋转支撑结构:
白色或黑色喷漆铝材。

脚凳支撑结构:
白色或黑色喷漆钢材。

扶手椅保护帽:
塑料。

脚凳保护帽:
热塑性材料。

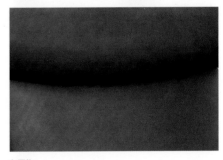

包覆物:
皮革。

座椅、靠背和头枕内结构:
热成型 ABS。

内部垫衬:
bayfit®（Bayer®）柔性冷成型聚氨酯泡沫塑料。

尺寸:
宽度 106 cm × 深度 84 cm × 高度 105 cm
椅高：40 cm
扶手高度：54 cm

DIKE 双人床

品牌: Maxalto
设计师: Antonio Citterio
图片: 品牌方 B&B Italia 提供

 C: 08 M: 12 Y: 09 K: 00

 C: 14 M: 14 Y: 10 K: 00

 C: 33 M: 52 Y: 50 K: 00

包覆物:
织物。

内部框架:
钢管和型钢。

内部框架垫衬:
bayfit® 柔性冷成型聚氨酯泡沫，聚酯纤维覆盖。

脚:
钢管和钢型材。

滑轮支撑架:
钢。

滑轮:
塑料材料。

保护套:
热塑性材料。

内框（TDA380）:
多层木板。

床头板墙面固定支架（TDA380）:
钢型材。

铰链（TDA380）:
钢。

尺寸:
宽度 170 cm × 深度 210 cm × 高度 200 cm，
最大宽度 380 cm

Maxalto 的新款 DIKE 双人床因其尺寸独特的床头板而脱颖而出。这个独特的元素应用也创造了一个全新的家具类别。在 Antonio Citterio 的构想下，床头使用了两块各 2 米高、125 厘米宽的面板，面板末端带有两个可移动的滑轮，并由雅致的等高铰链固定。这个床头板成为一个戏剧性的背景或结构元素，而垫衬的使用令它更为精致。DIKE 采用了特别设计的织物，具有更为突出的立体纹理，就像一面水平织就的织带挂毯，使光与色产生了轻缓的彼此消融的视觉效果。床的高度十分重要，它需要遵循一个精确的卧室设计概念。床和床头板衬套可以选用该系列的织物。这是一个全新的、奢华而精致的系列，夸张但非常细致、柔软、突出了 Maxalto 对卓越与创新的新追求。

EDA-MAME 沙发

品牌: B&B Italia
设计师: Piero Lissoni
图片: 品牌方 B&B Italia 提供

	C: 19 M: 16		C: 33 M: 30
	Y: 19 K: 00		Y: 60 K: 00

	C: 00 M: 00
	Y: 00 K: 100

它像一个平面，一个莫比乌斯带，但却充满奇异的曲线美。它时时迎接着你，如果你想，也可以使用它喝一上杯开胃酒，它就像是一张带有垫衬的桌子。

——Piero Lissoni

EDA-MAME 沙发的有机形态的设计灵感来自于青豆的外形，这是一种东方典型食材。作为一件以雕塑设计成型的家具元素，它能够对空间产生强烈影响，令空间印象更为深刻。它虽为独立家具，却是高背椅、安乐椅和矮凳三种座椅的融合。它的这种三重性质赋予了青豆沙发适用于住宅和公共环境中的强大多样性，也可以用于妆办诸如联合办公区域、过道和短暂停留区，如酒店大堂。青豆由模制的泡沫制成，用弹性织物包覆，缝线细致。支撑底座是由横档和圆形钢脚通过一根铁条相互连接而成，表面是白镴涂层。

包覆物:
有限的面料种类。

支撑框架:
钢。

内部框架:
钢管和型钢。

垫衬:
bayfit® 柔性冷成型聚氨酯泡沫。

尺寸:
长度 247 cm × 宽度 109 cm × 高度 42 cm / 77 cm

ERA 扶手椅

品牌: Living Divani
设计师: David Lopez Quincoces
图片: 品牌方 Living Divani 提供

C: 25   M: 23
Y: 24   K: 00

包覆物:
面料或皮革衬垫;
面料衬垫搭配拉链和尼龙搭扣,是可拆卸的。

靠背框架:
冷扩聚氨酯泡沫内嵌入钢材。

座椅框架:
管材,截面 30 mm × 30 mm,由经过涂布的橡胶弹性带支撑,
嵌入冷扩聚氨酯泡沫中。

钢脚:
15 mm 环氧粉末喷涂,金属灰色,用套管和可调节黑色;
PVC 头固定在靠背框架上。

尺寸:
长度 80 cm × 深度 72 cm × 高度 71 cm

ERA 扶手椅的特点在于其完美的比例,靠背、座椅和扶手曲线与金属结构的线性彼此均衡,充满造型感的腿部结构结合了雕塑感与流动性。

HARBOR 扶手椅与脚凳

品牌：B&B Italia
设计师：Naoto Fukasawa
图片：品牌方 B&B Italia 提供

	C: 26 M: 20		C: 15 M: 26
	Y: 20 K: 00		Y: 47 K: 00

本产品符合 EN16139（非家用座椅标准）对强度、耐久性和安全性的要求。

Naoto Fukasawa（深泽直人）继续着他对倒锥形座椅的研究，在这个项目中，他的设计很好地满足了 B&B Italia 公司对扶手座椅的要求。两种款式——一款放松的、带有高靠背和头枕的安乐椅，及一款便于交谈的低靠背扶手椅，均依照人体工程学进行设计开发。这两款扶手椅都有可旋转的底座，靠背位置可以看见金属拉链，就像标志性的 Papilio 系列一样，可以用来拆卸座套，座套可选用织物或皮革材质。除扶手椅外这个系列还增加了第三种形式：一个可以用于放置托盘等的脚凳，它也可以额外作为小桌子来使用。"当我在研究 Papillo 系列时，我意识到使用大量的聚氨酯泡沫是 B&B Italia 的标志性优势。因此，这个设计沿用这个理念，使用这种材料来进行形状雕塑，就像我在用卡拉拉大理石做雕塑一样。在我看来，B&B Italia 是一个善于利用聚氨酯进行产品雕刻的品牌。

包覆物：
织物或皮革。

旋转基座框架（HA80A-HA80B）：
钢薄板和铝。

内部框架：
钢管和型钢。

内部框架垫衬：
bayfit® 柔性冷成型聚氨酯泡沫，聚酯纤维覆盖。

底座框架（HA160-HA61P）：
钢制层压件。

头枕（HA_P）：
塑形聚氨酯，聚酯纤维，棉枕套，阳极氧化铝和钢平衡重量。

托盘（HA65V）：
实木，单面木纤维面板。

保护帽：
热塑性材料。

尺寸：
宽度 80 cm × 深度 83 cm × 高度 85 cm
座椅高度：40 cm
可选圆凳：61 cm × 高度 40 cm

"Harbor（港湾）这个名字给人一种总有归处的感觉，我也想让这个座椅有一种包裹我们身体的感觉。"

——Naoto Fukasawa（深泽直人）

HUSK 扶手椅

品牌: B&B Italia
设计师: Patricia Urquiola
图片: 品牌方 B&B Italia 提供

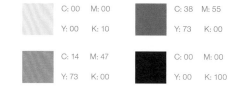 C: 00 M: 00 Y: 00 K: 10		C: 38 M: 55 Y: 73 K: 00	
C: 14 M: 47 Y: 73 K: 00		C: 00 M: 00 Y: 00 K: 100	

包覆物:
织物或皮革。

座椅支架:
塑形聚氨酯，防滑织物。

"必须让那些看着沙发的人在视觉上感受到精神和身体上的舒适。" Patricia Urquiola 将这一概念融入到 HUSK 扶手椅中，将其设计成了一个由 Hirek® 塑性材料制成的、具有硬朗框架的座椅。它包含一个被分割成不同部分的软垫，这似乎强调了它的人体工程学特征。它被赋予了一种融合了多种风格的原创精神。靠垫有三种: 较大的标准靠垫，包覆型，或头枕型。可以选择搭配或不搭配歇脚凳。

旋转底座（H1G-H2G-H3G-H4G）:
压铸铝，钢型材，黑色油漆；
硬质聚氨酯，灰橡木或拉丝浅色橡木实木。

尺寸:
宽度 84 cm × 深度 84 cm × 高度 84 cm
座椅高度: 44 cm

底座框架（HP4）:
钢型材，黑漆硬质聚氨酯，灰色橡木或拉丝浅色橡木实木，喷涂压铸铝型材。

保护帽:
塑料材料。

HUSK 双人床

品牌: B&B Italia
设计师: Patricia Urquiola
图片: 品牌方 B&B Italia 提供

包覆物:
织物或皮革。

内部框架:
钢管和型钢。

床头板内部框架垫衬:
bayfit®（Bayer®）柔性冷成型聚氨酯泡沫，聚酯纤维覆盖。

床侧内框垫衬:
塑形聚氨酯，聚酯纤维覆盖。

脚:
镀青铜镍或镀黑铬压铸铝、喷涂钢板。

保护帽:
热塑性材料。

板条底座支撑横档:
喷涂钢管。

尺寸:
宽度 230 cm × 长度 233 cm × 高度 107 cm
（容纳 180 cm × 200 cm 床垫）

LUPO-1

LUILOR®

Patricia Urquiola 对柔软和舒适度的不断研究成就了 HUSK 扶手椅，而基于同样的研究基础，又衍生了同系列家具。这款产品兼具柔软度和几何形态，简约而繁细，最重要是，它既舒适又具亲和力。个性鲜明的床头板，尺寸统一，以缝合设计强化视觉效果，并承载弹簧垫。

LE BAMBOLE' 07 系列扶手椅

品牌: B&B Italia
设计师: Mario Bellini
图片: 品牌方 B&B Italia 提供

C: 00　M: 00
Y: 00　K: 10

外层:
种类有限的织物或皮革。

内框架（LB1）:
钢管和型钢。

内部框架垫衬（LB1）:
bayfit®（Bayer®）柔性冷成形聚氨酯泡沫塑料，
聚酯纤维覆盖。

垫衬（LBPQ-LBPR）:
不同密度的塑形聚氨酯。

底座:
100% 黄麻织物。

尺寸:
宽度 116 cm × 深度 89 cm × 高度 74 cm | 椅高 43 cm

作为现代设计的标志，意大利制造最具代表的表达，研究与创新的结合，Le Bambole 为座椅设计主题提交了一份非常个性的答卷。一个仿佛经过 "雕刻" 的单一材料的体块，包含了靠背、座垫和扶手。舒适的形状下没有硬质支撑，座椅的传统的元素被设计师融为一体，旨在创造 "一个生命体，能提供舒适的触感和拥抱，柔软而安全"。

设计的出发点源自一个购物袋，这个购物袋由本是无固定形态的材料制成，放置在地上或是被压扁反而呈现出不同形态。在设计师与委托公司的内部研发部门 Centro Ricerche & Sviluppo 的共同研究下，这一理念被应用在了软垫设计上。而这也是 Le Bambole 扶手椅如何于 1970 年到 1972 年间问世的渊源。该系列后来成为 20 世纪 70 年代的标志，并在 1979 年赢得了 "Compasso d'Oro" 大奖。

为软垫家具寻找新形态：所有部分都被做成一个大大的软垫的样子。如果拆开 Le Bambole 扶手椅，我们会看到许多软垫，由于它们是一种自然而 "自由" 的形状，很难在产品图中描绘出来，但却很容易在脑中构想和解析。软垫内部是椅子的 "骨架"，或者更确切地说是垂直边框或弹性膜，它们将椅子的形态与织物相融合，来决定作用与反作用之间的平衡。Bellini 说，Le Bambole 不是用织物包覆的，而是用织物制成的。

Le Bambole 扶手椅永远不会过时。它的特殊性在于舍弃了承重结构，在形态上极为自然，并结合了舒适性、柔软性和弹性，这一外形造就了 Le Bambole 07 系列，其中包括扶手椅（Bambola）两座沙发（Bibambola）和三座沙发（Tribambola），除了脚凳外，它们的座套均可进行拆卸。

B&B Italia 推出 Le Bambole 系列的方式与当下的潮流标志——牛仔裤有关。在年轻的 Oliviero Toscani 和模特 Donna Jordan 的贡献下，产品以一个极具创意、新颖却略有争议的广告进行亮相，再一次打破了这一领域的传播模式。广告中 Donna Jordan 上身裸露，Oliviero Toscani 作为摄影师，邀请观众欣赏产品。虽然广告即刻遭受到谴责，却引发了一系列交流讨论，而这对产品的销售产生了非常积极的影响。

PAPILIO 系列双人床

品牌: B&B Italia
设计师: Naoto Fukasawa
图片: 品牌方 B&B Italia 提供

	C: 00	M: 00
	Y: 00	K: 10

	C: 76	M: 70
	Y: 67	K: 32

简单、直接、舒适是 Papilio 系列功能性开发的指导理念，这个系列包括 Grande Papilio 和 Piccola Papilio 扶手椅、Papilio 座椅和迷你 Papilio 椅、Papilio 情侣沙发和 Papilio 床。

"我想马上睡着——这是当你看到一张床时，这张床应该让你思考的东西。它要给你极舒适的感觉。"日本设计师深泽直人说道。

对卧室的要求是舒适，而双人床是卧室的核心元素。它旁边应该放着床头柜，上面是一本打开的书……"我永远不会停下设计！"

包覆物:
种类有限的织物或皮革。

内部框架:
钢管和型钢。

内部框架垫衬:
bayfit® (Bayer®) 柔性冷成型聚氨酯泡沫，聚酯纤维覆盖。

脚:
钢和塑料。

板条底座支撑横档:
喷涂钢管。

AGIO 双人床

品牌: FRIGERIO
设计师: Umberto Asnago
图片: 品牌方 FRIGERIO 提供

	C: 00 M: 00		C: 45 M: 30
	Y: 00 K: 00		Y: 37 K: 12
	C: 56 M: 63		C: 45 M: 53
	Y: 79 K: 13		Y: 66 K: 45

Agio 双人床以皮革包覆，十分迷人，利用细节设计来强调形态。床头板显得庄重，缝纫在细节上为它增加了额外的奢华感。床体本身是一个很棒的空间装饰元素。每一个细节都得到了完美的处理：床头板的形状，床架上重叠的缝纫，木制底座。这张床作为一件现代化的奢华家具，以一种全新的方式装饰了夜间生活区域。

木质板条结构（床垫除外），不可拆卸包覆物，兽皮材质，同系配色缝纫。

TUFTY 双人床

品牌: B&B Italia
设计师: Patricia Urquiola
图片: 品牌方 B&B Italia 提供

C: 09 M: 07 Y: 14 K: 00
C: 62 M: 60 Y: 65 K: 09

TUFTY 双人床舒适和坚固、有着现代感以及对传统的维系，通过引入切斯特菲尔德精神和法式软垫风格得到了展现。在底座和床头板上，皮革或织物材料被分隔成方形，成为该系列的独特亮点。底座向下延伸到地面，而它的内部空间可以被用作一个方便的储物隔间。

包覆物:
织物或皮革。

内部框架:
钢管和型钢。

内部框架垫衬:
bayfit® (Bayer®) 柔性冷成型聚氨酯泡沫、聚酯纤维覆盖。

角垫板:
黑色喷漆钢。

脚和保护帽:
天然橡木。

TIBERIO 双人床

品牌: FRIGERIO
图片: 品牌方 FRIGERIO 提供

C: 00 M: 00 Y: 00 K: 00

C: 16 M: 13 Y: 18 K: 00

C: 27 M: 20 Y: 24 K: 00

Tiberio 双人床是针对夜间生活区域的极致经典设计。它是一张床，更加注重实用性。如果泰勒床会说话，它会为你讲述设计师为了让你能静静被美梦拥抱而对设计充满激情的故事。

木质板条结构（床垫除外），除皮革材料外，包覆物可完全拆卸，带软垫的框架和方形木质床腿。

尺寸:
140 cm × 200 cm / 160 cm × 200 cm
/ 180 cm × 100 cm

BESSIE 扶手椅

品牌: FRIGERIO
图片: 品牌方 FRIGERIO 提供

BESSIE 扶手椅真的……很圆！尽管这把椅子的尺寸较小，但它能像适应现代空间一样，很好地适应古典的环境。它能轻而易举地在第一眼就传达给人以幸福感和舒适感。精致的对比剪裁设计凸显出扶手椅的轮廓，本设计搭配了充满现代感的椅脚。

 C: 00　M: 00
Y: 00　K: 00

 C: 35　M: 25
Y: 20　K: 00

扶手椅，完全可拆卸外罩，有 COSTA VIVA 皮革材质可选；木质框架结构，黑色 PVC 椅脚，鹅绒坐垫。

尺寸：
82 cm × 77 cm × 高度 69 cm

BESSIE 休闲椅

品牌: FRIGERIO
图片: 品牌方 FRIGERIO 提供

真正不凡的休闲椅怎么可能不与休憩和放松这类概念相联系? 也许在一本好书的陪伴下, 它能帮助我们在那么几个小时里忘却我们周围世界的喧嚣。柔和、圆润的形状像一个敞开的怀抱, 邀请我们坐下来, 闭上眼睛, 像沐浴在宁静的海洋中。

 C: 40 M: 30
Y: 30 K: 03

 C: 00 M: 00
Y: 00 K: 100

框架:
实木杉木。

完全可拆卸外罩 (除皮革材质外):
有多种面料和皮革可供选择。

尺寸:
82 cm × 132 cm × 高度 69 cm

BLOW 软凳

品牌: FRIGERIO
图片: 品牌方 FRIGERIO 提供

小即是美，BLOW 这款厚圆椅垫也不例外：它可以作为单独的家具元素，也可以作为咖啡桌、脚凳或座椅使用。外观现代，功能丰富。一系列不同高度的圆形坐垫，可以与中心坐垫结合，打造不同弧度和形态。

C: 15	M: 10
Y: 10	K: 00

C: 50	M: 40
Y: 42	K: 25

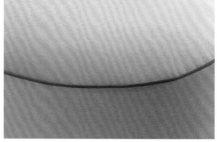

包覆物:
织物，皮革。

尺寸:
180 cm × Ø180 cm / Ø 60 cm × 高度 50 cm
Ø 60 cm × 高度 35 cm / Ø 60 cm × 高度 30 cm

DAPHNE 扶手椅

品牌: Porada
设计师: E. GARBIN - M. DELL' ORTO
图片: 品牌方 Porada 提供

 C: 15 M: 10
Y: 10 K: 09

 C: 30 M: 20
Y: 85 K: 00

 C: 30 M: 40
Y: 60 K: 25

C: 00 M: 00
Y: 00 K: 100

包覆物:
织物。

框架:
坚固岑木，可用自然木色，上哑光漆或各种上色处理；
炭黑色拉丝金属椅脚。

尺寸:
宽度 71 cm × 深度 75 cm × 高度 73 cm
座椅高度: 47 cm

独具盛情的 DAPHNE 扶手椅那精雕细琢的 Frassino 岑木框架，弧度柔和的靠垫，圆形的座椅和金属脚共同打造出这件散发着永恒魅力的坐具。对于坐垫套您有 200 多种面料选择，而框架您可以选择保持木材原有的样子，或是处理成摩卡色、胡桃木色、鸡翅木色，或喷涂各色哑光漆。Porada 品牌让您能够量身定制这款出色的产品，以符合您的个人审美。

Fellow 沙发

品牌: Porada
设计师: M. MARCONATO, T. ZAPPA
图片: 品牌方 Porada 提供

Maurizio Marconato 和 Terry Zappa 为意大利奢侈品牌 Porada 设计的 Fellow 沙发结合了时尚风格和舒适度，是一件精致的现代沙发精品。带软垫的靠背、座椅和扶手上复杂的缝合工艺是 Fellow 沙发的特色所在，它是 Porada 品牌关注细节和工艺品质的完美结合。

覆盖物:
皮革或织物。

框架:
实心卡纳莱塔胡桃木，可以选择保留天然木色，或处理成摩卡色、胡桃木色、鸡翅木色或是着各色哑光漆。

尺寸:
宽度 180 cm × 深度 95 cm × 高度 76 cm（座椅高度 42 cm）
宽度 220 cm × 深度 95 cm × 高度 76 cm（座椅高度 42 cm）

OPIUM 扶手椅

品牌: Porada
设计师: S. Bigi
图片: 品牌方 Porada 提供

C: 02 M: 60 Y: 85 K: 15
C: 45 M: 53 Y: 53 K: 27

覆盖物:
织物和皮革。

底座:
纳莱托胡桃木实木。

尺寸:
长度 76 cm × 宽度 83 cm × 高度 90 cm | 座椅高度 41 cm

这款旋转扶手椅采用坚实的 Canaletta 胡桃木为底座，同系列面料做外套。座椅和靠背软垫衬套可进行拆卸。扶手椅框架、座垫和靠垫外套面料可以进行不同的搭配组合。当不使用时，椅子会自动转回它的初始位置。

JACKIE BERGERE 扶手椅

品牌: FRIGERIO
图片: 品牌方 FRIGERIO 提供

座椅:
采用不变形的聚亚安酯。

结构:
木材, 外覆不变形的聚氨酯。

脚:
卡纳莱托胡桃实木, 水丙烯酸涂层。

尺寸:
75 cm × 97 cm × 高度 85 cm

法国是第一把高背扶手椅的诞生地。这件作品的灵感源于 18 世纪法国流行款式, 是对经典设计风格主要特征的独有的现代诠释。它依靠自身来自于包覆式高背以及高扶手的柔软且舒适的体验, 超越了几个世纪以来人们对高背椅的期望。

Velis 休闲椅

品牌: Potocco
设计师: Mario Ferrarini
图片: 品牌方 Potocco 提供

 C: 10　M: 09
Y: 13　K: 00

 C: 58　M: 70
Y: 79　K: 23

旋转扶手椅，可拆卸衬套面料，聚氨酯泡沫软垫，扶手采用美国胡桃木或岑木。

尺寸:
长度 82 cm × 宽度 70.5 cm × 高度 75 cm

带有旋转底座的 Velis 休闲椅，能让人联想起 Velis 的同名系列，它探索并完美地解决了实木与软垫间的关系，底座和座椅部分通过岑木或卡纳莱托胡桃木制成的框架（可见）彼此连接，增强了设计的精巧感。带软垫的分离底座，也可以像靠背和坐垫那样用织物或皮革进行包覆。

Sveva 系列座椅

品牌: Porada
设计师: G. & O. Buratti
图片: 品牌方 Porada 提供

C: 05 M: 05 Y: 07 K: 00	C: 00 M: 00 Y: 00 K: 10
C: 58 M: 70 Y: 79 K: 23	

靠背:
仿皮。

包覆物:
织物。

尺寸:
宽度 54 cm × 深度 50 cm × 高度 80 cm | 座椅 45 cm

Porada 品牌下的 Sveva 座椅是一款优雅的餐椅，木质框架和渐细的腿部支撑起一个装有软垫的椅座，搭配以光滑的再生皮革包覆的靠背。顾客可以从一系列的木材、织物和皮革饰面中进行选择，定制外观。这款座椅可选择带扶手或不带扶手的款式。

VENUS 扶手椅

品牌: Porada
设计师: E. Gallina
图片: 品牌方 Porada 提供

C: 55 M: 37
Y: 60 K: 32

C: 65 M: 52
Y: 39 K: 35

VENUS 是由著名设计师 Emmanuel Gallina 设计的一款优雅舒适的当代风格扶手椅。这款独特而精致的作品以其坚固的岑木结构为特色。该系列有不同的颜色和饰面可选，使它能够轻松搭配任何类型的空间。

包覆物:
织物。

尺寸:
宽度 80 cm × 深度 69 cm × 高度 75 cm

PURPLE 组合沙发

品牌: Potocco
设计师: Marco Viola Studio
图片: 品牌方 Potocco 提供

Marco Viola 工作室所设计的 PURPLE 带软垫系列由模块化的沙发、大扶手椅和躺椅组成。

作为让人休闲放松的场所，PURPLE 系列的特点在于它柔软的形态和宽敞盛情的座位，软和舒适的垫子被用作靠背和坐垫，保证最大的舒适度；垫套可以拆卸替换。不规则的轮廓带着一点工匠气味，给 PURPLE 增添了一抹新鲜和轻松随意，使它能够适用于室内外背景下的家居或办公环境。模块化沙发让用户能够根据自身需要来进行组合。

高品质、注重细节和多功能性成就了这件当代风格的作品，它既美观又实用。

垫衬:
织物、皮革或环保皮革。

尺寸:
沙发: 取决于不同组合。

SPRING 沙发

品牌: Potocco
设计师: Bernhardt & Vella
图片: 品牌方 Potocco 提供

休闲扶手椅、沙发和圆垫矮椅组成了春季系列，该系列以通用的、安装有山毛榉木椅脚的底座为特征。
沙发的特点是高靠背和厚软垫，软垫外套由一系列织物或皮革备选。

	C: 30	M: 30		C: 00	M: 00
	Y: 30	K: 00		Y: 00	K: 100

包覆物:
织物、皮革、环保皮革。

尺寸:
长度 180 cm × 深度 83 cm × 高度 100 cm

ARENA 沙发

品牌: Porada
设计师: E. Gallina
图片: 品牌方 Porada 提供

C: 40 M: 36 Y: 44 K: 14

C: 53 M: 59 Y: 65 K: 39

沙发框架为岑木，使用同系列织物面料包覆。带软垫的底座和靠背的衬套，以及坐垫和靠垫的外套可以选用不同的面料进行组合设计。只有坐垫和靠垫外套可进行拆卸。

C: 00 M: 00 Y: 00 K: 10

C: 33 M: 26 Y: 26 K: 00

C: 00 M: 00 Y: 00 K: 80

包覆物:
织物。

尺寸:
长度 147 cm × 深度 96 cm × 高度 75 cm - 双人款式

STAY 扶手椅

品牌: Potocco
设计师: Storagemilano
图片: 品牌方 Potocco 提供

 C: 68 M: 63 Y: 58 K: 10   C: 45 M: 55 Y: 67 K: 00

Storagemilano 所设计的新款 STAY 休闲扶手椅是对轻盈的赞颂，首次亮相于 Potocco。它以金属杆制作基本结构，简单但充满活力的线条拥抱着靠背和座椅：这两个元素，在功能和视觉上彼此分离，仿佛漂浮在框架内部，以此赋予整体以轻盈感。

STAY 扶手椅虽使用了当代设计手法，但却参考了 50 年代风格。它整体呈现为方形体块，但软垫柔和的曲线软化了整体轮廓，带出的弧度缓和了结构设计上的硬朗。不同的设计方案都能通过产品现有的多种选择来实现：从能给每个房间带来一抹珍贵魅力的古铜色，到冷静而优雅的压花炭黑色，以及系列内众多的衬套材料选择。

座椅和靠背:
填充防火聚氨酯泡沫。

尺寸:
宽度 80 cm × 深度 85 cm × 高度 74 cm

2

项目

La Belle Vue 别墅

建筑设计: Bomax Architects
室内设计: OKHA
位置: Cape Town, South Africa
摄影: Mickey Hoyle

设计理念

La Belle Vue 项目位于南非的一个小海滨社区，是 Bomax 建筑事务所主持设计的一个全方位建筑改造和扩展项目，它同时隶属于 OKHA 室内建筑与设计项目。这所房子将为一位非洲裔跨国高管的快节奏生活提供一处可休憩的世外桃源。

家居细节

OKHA 为豪华海滨别墅 La Belle Vue 设计了手工定制家具和物品。别墅的整体装潢使用了几何形状、明显的线条、干净的形式和各种天然材料，时尚、经典而优雅，巧妙地呼应了客户的非裔渊源。一楼家具和装饰的用色保持中性，而用作娱乐的二楼空间则使用了更有活力的颜色和图案。

C: 12 M: 09
Y: 09 K: 00

C: 10 M: 18
Y: 56 K: 00

C: 69 M: 60
Y: 60 K: 10

Gloob 扶手椅可定制皮革或织物面料衬垫。

Gloob 座椅有着如雕塑般的轮廓和夸张的、如棉花糖般的比例，能够满足绝对舒适的要求而不妥协于风格。Gloob 设计的简单优雅让它看起来既前卫又经典。它极具适应性，能够搭配任何室内设计策略。

尺寸：
宽度 980 mm × 深度 980 mm × 高度 800 mm
椅高 400 mm

OKHA - GLOOB 扶手椅

位于一楼的正式休息区以白垩色为主色调，十分舒缓，让射入的自然光能够进一步雕琢和强化室内构筑和灰泥墙。定制的迈尔斯扶手椅采用了坚实的橡木框架和皮革衬垫，搭配有定制的沙发、用具、饰品和茶几（拉丝黄铜加玻璃台面），均由 OKHA 设计。

 C: 16 M: 10 Y: 04 K: 00

 C: 14 M: 10 Y: 20 K: 00

 C: 60 M: 63 Y: 65 K: 10

 C: 92 M: 88 Y: 62 K: 44

材料：
橡木底座，蚀刻橡木脚，带软垫座椅。

底座选择：
天然岑木、橡木或胡桃木，喷涂白色或炭色。

这件沙发从颜色、尺寸和形状上都可以定制，以匹配和装饰豪华海滨住宅 La Belle Vue 的开放式起居空间。

尺寸：
宽度 2830 mm × 深度 1000 mm × 高度 695 mm
座椅高度：395 mm

OKHA 定制三人沙发

娱乐楼层配备有视听家庭影院系统，空间设计上使用丰富的非洲大地色和定制的图形地毯，营造一种经典的复古感。

 C: 33　M: 75
Y: 100　K: 00

 C: 60　M: 53
Y: 42　K: 00

 C: 28　M: 40
Y: 84　K: 00

OKHA 定制曲线沙发

材料：
实木框架结构，用皮革或织物垫衬。

底座选择：
天然岑木、橡木或胡桃木，喷涂白色或炭色。

这件沙发从颜色、尺寸和形状上都可以进行定制，以匹配和装饰豪华海滨住宅 La Belle Vue 的开放式起居空间。

尺寸：
宽度 3215 mm × 深度 2125 mm × 高度 640 mm
座椅高度：370 mm

C: 10 M: 08 Y: 06 K: 00		C: 22 M: 26 Y: 30 K: 00	
C: 65 M: 71 Y: 81 K: 36		C: 74 M: 76 Y: 75 K: 49	

材料：
实木框架结构，泡沫芯坐垫和皮革或织物包覆的靠背。

底座选择：
天然岑木、橡木或胡桃木，喷涂白色或炭色。

尺寸：
宽度 570 mm × 深度 530 mm × 高度 820 mm
座椅高度 470 mm

OKHA-VERB 餐桌椅

OKHA 设计的这扇立体雕花前门得灵感于传统的非洲图案和雕塑，它为下一步对整个室内空间进行当代设计诠释奠定了基调。

Clifton 301 公寓

建筑设计: SAOTA
室内设计师: Adam Court
室内设计机构: OKHA
摄影: Niel Vosloo, Peter Bruyns, Adam Letch, Melissa de Freitas

设计理念

"我们的首要目标是使空间个性化……低调的奢华。"OKHA 的创意总监 Adam Court 如是说。OKHA 的室内项目克里夫顿 301 是一套季节性的两居室公寓，位于一栋由 SAOTA 主持设计的当代风格综合体中。它的两侧是平顶山传说中的十二使徒，俯瞰着令人惊叹的大西洋角湾全景。它既是一次豪华的度假，也是令人放松的海边圣地，又是享乐者心中的一场梦。

家居细节

建筑师们在综合体设计时，刻意减少了色彩的使用，使室内呈现单一的色调。OKHA 不仅负责室内装潢，还设计了整个公寓的几件关键定制手工家具。"我们的首要目标是通过调节内部色调使空间个性化。"OKHA 的设计总监 Adam Court 说道。他和 OKHA 团队着手定制公寓的内部设计，旨在创造一个凉爽宁静的空间，与明亮的、阳光充足的外部形成对比。

	C: 60 M: 53		C: 30 M: 12
	Y: 58 K: 02		Y: 19 K: 00
	C: 00 M: 00		
	Y: 00 K: 100		

材质:
实木框架结构，弹簧座椅和靠背，双层泡沫芯座垫。

底座选择:
自然色、白色或木炭色岑木;
有胡桃木可选。

尺寸:
宽度 744 mm × 深度 945 mm × 高度 750 mm
座椅高度 370 mm

OKHA 艺术家扶手椅

"我们参考了当地的景观，使用了微妙的绿色色调和雅致的自然色调，"Court 说道。公寓内使用的天然木材、石材和金属汇成一种丰富而原始的色调，让人想起平顶山上著名的花岗岩、fynbos 硬叶灌木和斑驳的树林。它们与墙壁、地板和家具上包覆的奢华天鹅绒和布料又形成了鲜明对比，产生了 Court 所说的当代风格下的 "低调的奢华"。

这个起居区域以艺术家扶手椅、工作室灯具、泽普林折角沙发和定制桌子为特色。

| C: 20 | M: 20 |
| Y: 23 | K: 00 |

| C: 53 | M: 56 |
| Y: 67 | K: 03 |

| C: 00 | M: 00 |
| Y: 00 | K: 100 |

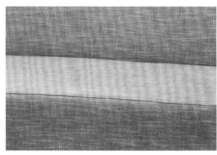

材质：
实木框架结构，双密度泡沫垫，天然橡木底座；
皮革或织物衬套。

尺寸：
宽度 2160 mm × 深度 1080 mm × 高度 660 mm
宽度 2150 mm × 深度 1080 mm × 高度 660 mm
最大面积：3660 mm × 2300 mm
座椅高度：370 mm

OKHA-ZEPPELIN 折角沙发

梦幻白纹大理石和纯黑花岗岩桌面搭配钢材和木材。Bison 餐桌、Neo 吧台高脚凳和定制的上菜用具都由喷染炭色并抛光的岑木制成。它也被用作 OKHA 标志性的 "Port" 系列镜子的框架制作。

象牙色皮革制的 Tofu 餐椅为整个场景配置画上了句号。

C: 00 M: 00 Y: 00 K: 30		C: 46 M: 37 Y: 35 K: 00	
C: 70 M: 73 Y: 66 K: 29		C: 00 M: 00 Y: 00 K: 100	

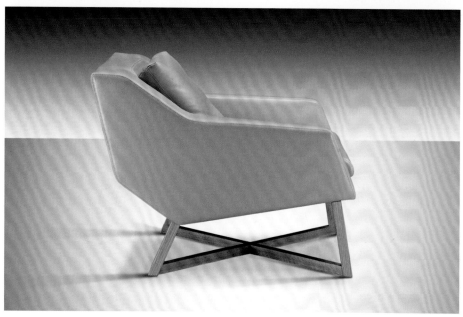

材料:
实木框架结构，双密度泡沫垫，天然橡木底座；
皮革或织物垫套。

底座选择:
天然岑木、橡木或胡桃木，喷涂白色或炭色。

尺寸:
宽度 780 mm × 深度 870 mm × 高度 690 mm
座椅高度 380 mm

OKHA GT 木质扶手椅

山居岁月

建筑设计: Jenny Mills Architecture
室内装饰: ARRCC
室内装饰团队: Mark Rielly, Sarika Jacobs
室内设计团队: Quintin Gilman, Wynand Van Dam, Brian Bernhardt
摄影: Greg Cox

设计理念

在开普敦郊外的绿丛掩映下,有一处风格鲜明的居家设计,建筑外观摩登时尚。透过巨大的落地窗,室内设计色彩鲜艳生动。据负责本项目的本土设计工作室 ARRCC 介绍,屋主喜欢通过缤纷的色彩和各种材质的碰撞,来表达对于生活这一创意旅程的理解。

家居细节

屋顶下的院落平台是娱乐区，整齐的草坪作为过渡地带，将玩乐空间自然延伸到泳池。当斑驳的阳光透过条纹木屋顶洒下来时，可用壁炉、烧烤炉和披萨烤箱轻松地进行户外活动，让人们在院子里尽情享受户外时光。混凝土和原石材质的装饰板材搭配颜色更深的炭灰色造型墙，更加凸显灰色混凝土地面的冷峻。夜晚的月光洒下来，为喷砂处理的石灰华和预制的混泥土墙增添了背光效果，增添了几抹暖昧的气息。藤制扶手椅彰显了美学价值，其藤编质感，与点缀于空间各处的樱桃色、青绿色和灰色染色抱枕上的针织纹路形成呼应。

作为娱乐区和旁边圆形六人户外餐桌之间的过渡，悬空沙发在风中轻摇，向人们展示着家的温馨舒适。

据 ARRCC 设计总监 Mark Rielly 介绍，屋主拥有大量类别丰富的艺术收藏，设计团队将其与家具家居巧妙搭配，形成了一个充满活力的艺术空间。开阔的大理石门厅由 Jenny Mills 建筑师事务所设计，来自 Emmemobili Arlequi 的几何造型边柜色彩明丽，很好的体现了家具的艺术性，与撞色绒布沙发、多角地毯和原创造型感边桌互相呼应。入户门厅的设计风格，与弥漫整个空间的温馨氛围相辅相成，体现了主人的热情好客。

当冬日来临，人们更需要室内活动的时候，建筑底层的家庭影院就派上用场了。舒适的灰色沙发、贵妃椅和活动躺椅布满整个房间，适合全天候蜗居煲剧。对主人来说，雪茄室和酒窖空间具有相当大的吸引力——屋顶如橡木桶般向上拱起，混凝土封层做出板材造型，充满整个茧形拱顶，强化了空间避世脱俗的气质。OKHA 出品的 Stix 咖啡桌在材质和造型上与屋顶呼应，圆形桌面则与圆形地毯配合，在悬空拱顶下构成视觉焦点。尽管两个房间都有人工照明，但阳光投射下来，让略显冷清的地下层更显生机。

 C: 00　M: 00
Y: 00　K: 00

 C: 17　M: 14
Y: 10　K: 00

 C: 64　M: 42
Y: 04　K: 00

材质：
实木框架、玻璃沙发腿、双重加厚海绵抱枕。

尺寸：
宽度 2235 mm × 深度 1030 mm × 高度 690 mm
座位高度：385 mm

OKHA 出品的 CURATOR 系列沙发 / 图片：OKHA

10002-63

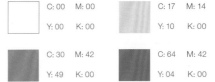

在这里，白色的室内空间摆放着象牙色调的弯曲 L 形沙发，搭配 OKHA 的标志性休闲沙发。Curator 沙发是一款现代风格的躺椅，其几何曲线引人注目，并延伸到令人惊艳的蓝色地毯和来自画廊的 Everard Read 艺术家 Andrzej Urbanski 的作品，其颜色与户外天空与花园透过玻璃拉门映射进室内的视觉色彩互相照映。

| C: 00 M: 00 Y: 00 K: 00 | C: 17 M: 14 Y: 10 K: 00 |
| C: 30 M: 42 Y: 49 K: 00 | C: 64 M: 42 Y: 04 K: 00 |

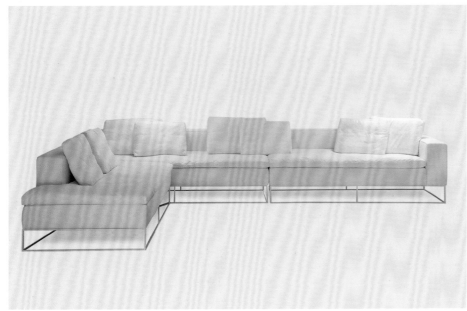

OKHA 出品的 SOFT BOX L 形沙发 / 图片：OKHA

材质：
实木框架，双重加厚海绵抱枕。

底座选配：
黑色或白色粉末涂层软钢架。底座还可选择胡桃木材质。

尺寸：
SOFT BOX 沙发整体占地：
宽度 2700 mm × 深度 970 mm × 高度 690 mm
L 形：宽度 2050 mm / 2380 mm × 深度 970 mm × 高度 690 mm
模块：宽度 1930 mm / 2050 mm × 深度 970 mm × 高度 690 mm
座位高度：410 mm

相邻的用餐区内较为简约，各种精美的艺术品和画作吸引着人们的注意力。乌木色的法式橡木桌子搭配来自 Henge 的黄铜底座灰色餐椅，悬浮式灯带的设计同样出自 Henge。墙上的木框装饰画活泼温馨，人们在就餐中不自觉拉近彼此的距离。

厨房通过木制推拉滑门与餐厅区相连。花岗岩
台面的木制吧台是厨房设计的亮点，设计师选
用了 OKHA 出品的 Faye、Frank 和 Neo 三个
系列高脚凳，材质分别为钢材、木头和皮质，
定制的棕黄和灰色系家具与厨房的中性色调搭
配和谐。

C: 20	M: 39		C: 48	M: 70
Y: 56	K: 00		Y: 90	K: 10
C: 60	M: 70		C: 00	M: 00
Y: 69	K: 17		Y: 00	K: 100

材质：
哑光粉末涂层软钢材质框架、双层加厚太空棉软垫座椅。

尺寸：
宽度 420 mm × 深度 569 mm × 高度 948 mm
座椅高度 760 mm

OKHA 出品的 Frank 系列高脚凳 / 图片：OKHA

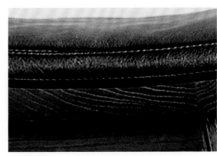

材质：
炭色涂层橡木框架、座椅软垫；实木框架、座椅软垫；
全橡木框架可选：原色、白色或炭色涂层。

尺寸：
宽度 440 mm × 深度 300 mm × 高度 740 mm
座椅高度：715 mm

OKAHA 出品的 Neo 系列高脚凳 / 图片：OKHA

| C: 13 M: 10 Y: 00 K: 00 | | C: 15 M: 11 Y: 74 K: 00 |
| C: 43 M: 48 Y: 49 K: 00 | | C: 88 M: 75 Y: 00 K: 00 |

据 ARRCC 设计师 Sarika Jacobs 介绍，儿童房主要采用大胆、鲜艳的原色和泼墨图案的墙纸，吊床和桶状凳等小摆件，增强了房间的趣味性和年轻感。当孩子再大一些，但仍然活泼好动时，主客房取代儿童房，成为更适合的空间。客房延续整体作品风格，涂鸦墙纸来自 Kelly Wearstler，定制地毯通过自由式线条构建出各种充满创意的图案。床头柜上的 Rayon 系列几何造型不锈钢材质台灯来自 OKHA，优雅别致。

在私人办公区域，写字台来自 John Vogel 为 Southern Guild 设计的时光依旧系列（Time Stood Still），蓝绿色的聚碳酸酯材质塑料凳 Elle 则出自 EDRA。办公区可以俯瞰阳台和花园，配套浴室同样享受全景风景，浴室内与墙面等长的巨型装饰镜将阳光折射进室内。

色彩运用是居家休闲区域的设计重点——海军蓝色地毯奠定设计主色调，Paola Navone 为 Baxter 设计的蓝绿色抱枕和绿色陶瓷边桌延续了海蓝色系主题。两个箱式沙发上的条形沙发套出自 Missoni，冰淇淋色系打破了海军蓝色块的沉闷，为整个亲情角增添了趣味性。更有甚者，设计师以深灰、浅灰色系为背景设计了 DJ 表演台，显示了音乐总是家庭生活的一部分。

在壁炉旁，由 Adam Court 为 OKHA 订制工坊设计的 Gloob 系列扶手椅和 Lean on Me 系列落地灯，形式对称，为温馨舒适的环境增添了几分清新淡雅的质感。来自 OKHA 的彩色气球形玻璃瓶来自充满拉丁风情的桌上配饰系列，体现了设计中"优雅与趣味并存"的理念，呼应了空间的整体色调。

4187-40

Wingback 系列靠背扶手椅立在玻璃酒窖中央，深蓝色系与天空和夜幕的颜色呼应。

C: 13　M: 18 Y: 26　K: 00	C: 20　M: 25 Y: 55　K: 05
C: 63　M: 62 Y: 50　K: 03	C: 85　M: 79 Y: 54　K: 20

材质：
Ferrograin 粉末涂层软钢基座，双层加厚海绵靠垫和衬垫。

尺寸：
宽度 740 mm × 深度 865 mm × 高度 975 mm
座椅高度 400 mm

OKHA 出品的 Wingback 系列扶手椅 / 图片：OKHA

大使塔公寓

室内设计: Mêha Art & Interiors 私营有限公司
地点: 南非豪登省桑赫斯特帝国区 175 号大使塔

	C: 00 M: 00		C: 29 M: 24
	Y: 00 K: 00		Y: 19 K: 00
	C: 52 M: 60		
	Y: 70 K: 05		

设计理念

这栋顶层豪华公寓单元室内面积为 334 m²、平台 & 屋顶泳池平台 189 m²，总计使用面积 523 m²。

我们的方案，是希望设计一个实用的高端顶层公寓，实现先进家居科技和美学价值的无缝衔接。屋主对于室内设计品味独特。设计师在现代和古典设计风格中求得平衡，结合部分原有家居物件和自由派线条来打造公寓，以满足屋主的偏好。同时，屋主特意强调，不希望本次作品跟传统现代派顶层公寓设计一样清冷严肃。简言之，我们的任务是打造温馨、好客的一流居住环境。本次设计的灵感，主要来自欧式潮流设计和木制家居饰品。

屋主常年游走于世界各地，经常接触先进的家居科技。基于此，设计师在公寓设计中采用了最先进的家居技术。集成式自动电视、自动窗帘、防水弹出式户外电视和影音系统等高科技产品遍布设计的各种细节。遵照屋主要求，除使用时间外，屋内电视在平时全部做了隐藏设计。卧室的电视隐藏在床底基座中，屋主只需按动按钮，电视便可自动升降。泳池区的电视则安置在池边长凳内。

	C: 09 Y: 08	M: 05 K: 00		C: 44 Y: 34	M: 36 K: 00
	C: 42 Y: 57	M: 52 K: 00		C: 64 Y: 78	M: 66 K: 24

材质：
Alcide 系列包皮软凳。

尺寸：
43 cm × 43 cm

Porada 出品的 Alcide 系列坐凳 / 图片：Porada

设计师希望打造温馨、有吸引力的客厅环境，让居住者享受跟卧室一样的舒适感。不同的材质和独特的墙面镶板让整个空间氛围更温馨，同时减轻了后期墙面维护的压力。

C: 16 M: 10
Y: 10 K: 00

C: 35 M: 28
Y: 28 K: 00

C: 30 M: 46
Y: 50 K: 00

C: 56 M: 28
Y: 93 K: 00

材质：
深灰色座椅框架、Cuoietto 皮质靠背和同系列布艺椅套。

尺寸：
54 cm × 50 cm × 高度 80 cm

Porada 出品的 SVEVA 系列椅子 / 图片: Porada

材质和尺寸：
沙发靠背可选择不同的宽度（60 cm / 80 cm / 105 cm），材质为加绒鹅毛（由 Assopiuma 认证的金标品质），靠背枕套为防跑毛棉布；沙发基座有 5 个尺寸供选择（宽度 170 cm / 195 cm / 220 cm / 245 cm / 270 cm），不同尺寸间有多种组合；储物柜宽 25 cm，材质为意大利卡纳莱塔（Canaletta）胡桃木，顶部配木制和烟色玻璃两种桌面；咖啡桌有 3 种尺寸供选择（宽度 25 cm / 50 cm / 110 cm），材质为大理石桌面。

Porada 出品的 ARGO 系列沙发 / 图片: Porada

我们的设计宗旨，是在不牺牲实用性和利用当代科技增强居住舒适度的前提下，选择高端家具和来自世界各地的独特家居配饰，打造优雅、温馨、历久弥新的起居空间。为了避免冷峻严肃的设计风格，设计师引入丰富的深沉色调的木材和优雅、充满美学享受的线条，创造温馨、好客的居家氛围。团队不断尝试不同颜色、材质的高端订制家具之间的组合，最终达到理想、和谐的成品效果。

材质：
扶手椅采用意大利卡纳莱塔（Canaletta）胡桃木框架、Cuoietto 真皮靠背和同系列可拆卸椅套。背部靠枕包括在设计之中。此外，品牌还提供不同的椅座和靠垫组合。

尺寸：
73 cm × 88 cm × 高度 87 cm

Porada 出品的 VERA 系列扶手椅 / 图片：Porada

我们希望两个主卧在不牺牲独立性的前提下相互连通。相应的，两个卧室在设计上各有特色，色调不
同，但图案和风格类似。男主卧室选用大胆、平稳的棕色系，而女主卧室则是柔和的深橙色。

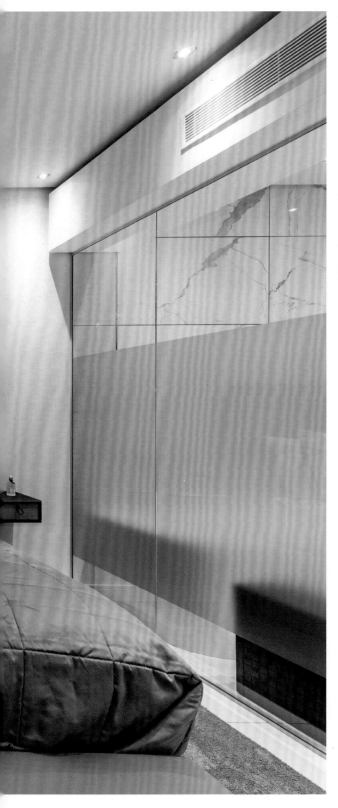

此外，设计师将原有的泳池抽水房改造成一个漂亮的白色山杨木桑拿间。

胶囊公寓

室内设计: Erez Hyatt 工作室
客户: 某单身青年
摄影: Elad Gonen

C: 00 M: 00 Y: 00 K: 00		C: 49 M: 40 Y: 35 K: 00	
C: 52 M: 60 Y: 70 K: 05		C: 00 M: 00 Y: 00 K: 100	

设计理念

第一次踏进这座由 Ramat Gan 设计工作室 Erez Hyatt 设计的公寓，惊奇大概是参观者的第一反应。
公寓坐拥开阔的视野和城市全景景观。屋主将设计工作交由设计团队全权负责，并明确表示，自己只
负责在项目结束后拎包入住。公寓只有 80 m² 的建筑面积和 1 m² 左右的富余，空间的局限给设计工作
带来不小的挑战。设计师在阳台上增加了储藏空间和实用的厨房。而整个公寓设计，将极简主义线条和
高端奢华风结合，同时兼顾居家生活的温馨，别致有趣。

家居细节

舒适的长沙发摆在客厅中央；沙发对面，黑、白两张茶几的色彩对比使整个空间更加和谐均衡。桌子
圆形和方形的台面与屋顶的灯光相互配合，视觉上形成虚拟的空间，而一对紧凑型扶手椅在开放空间中
实现空间分区。在公共区域，设计师使用了两种窗帘：沙发后的窗户使用白色威尼斯百叶窗，其材质和
横条纹与地板相呼应。

厨房地板采用灰棕色镶木地板，并一直延伸到整个公共区域。

窗帘延伸进入餐厅：餐厅中央放置着黑色木制厚桌面餐桌，搭配黑色塑料餐椅；餐桌颜色在地板色调的衬托下尤显突出。

壁橱对面，宽大的双人床靠墙而放，设计师在墙上设计了陶瓷包层壁龛；床头的隐藏灯带烘托午夜休息的氛围，而墙上的射灯则满足了屋主不定时的阅读需求。包围卧室的棕色褶皱窗帘，装点着落地窗透进来的城市景观。

阳台出口处的休闲观赏区，被棕色褶皱窗帘隔开，既中和了室内搭配，又为空间提供合适的荫凉。客厅的深色大地毯定义了整个空间的风格，与亮色系家具形成对比。

| | C: 65 | M: 71 | | C: 65 | M: 71 |
| | Y: 81 | K: 36 | | Y: 81 | K: 36 |

| | C: 65 | M: 71 |
| | Y: 81 | K: 36 |

椅套：
布艺或皮制。

框架：
实木。

套管：
热性塑料材质。

尺寸：
66.5 cm × 66 cm × 高度 66 cm

MAXALTO 出品的 FEBO 系列扶手椅

阳台的植物角经过精心布置：花盆里的植物投影在玻璃上，装饰着玻璃幕墙。旁边的小阳台弥漫着自然的气息。厨房的大理石地面一直延伸到浴室和主卧旁。阳台上的芦苇编扶手椅舒适透气，纵向条纹图案与玻璃幕墙相呼应。扶手椅旁，盆栽植物放肆生长，搭配旁边的森林系装饰花瓶，将自然元素引入阳台空间。

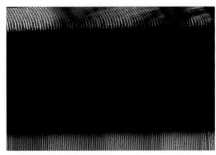

材质：
Canasta '13 系列由 Ptricia Urquiola 设计，采用意大利托尔托卡（Tortora）进口材料，混合新型聚乙烯纤维，两种风格的结合，成为设计师的 Crinoline 系列作品的亮点。

尺寸：
98 cm × 78 cm × 高度 123 cm
98 cm × 76 cm × 高度 89 cm

B&B Italia 出品的 Outdoor Canasta '13 花园扶手椅

29 公寓

室内设计: balbek bureau
建筑师: Yevheniia Dubrovskaya
设计师: Slava Balbek, Yevgeniia Dubrovskaia
摄影: Yevhenii Avramenko, Andrey Bezuglov

客厅配备有一个壁炉和一套影音设备，几个书架和舒适的沙发。

设计理念

29 公寓的屋主是位年轻姑娘。公寓面积为 150 m²，位于基辅市中心的现代化街区。公寓设计方案覆盖一间带有就餐区的客厅，一间厨房，一个洗衣房兼客用卫生间，一个宽敞的配备衣橱、卧室和主卫生间的主卧套件。

家居细节

建筑师希望打造带有古典主义风格的现代公寓；团队大胆的将极简主义家居与吊顶、飞檐等古典主义元素结合，并在全屋中大面积运用色彩。客厅配备壁炉、电视、书架和舒适的组合沙发。

8291-4

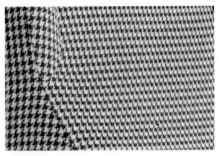

材质：
扶手椅采用品质上乘的 Bultex 海绵垫和衬垫束缚带，大角度的倾斜构建了舒适的靠背，能够很好地支撑身体；全椅针脚缝合出自专业工匠之手，有扶手版和无扶手版两种可供选择。

尺寸：
宽度 88 cm × 深度 91 cm × 高度 96 cm
座椅高度：42 cm

Ligne Roset 出品的 ARCH 系列扶手椅

材质：
沙发内部结构，采用欧洲云杉制造的实木框架、刨花板和塑料带；靠垫采用高弹力聚氨酯海绵橡胶，有多个厚度可供选择；短丝绒沙发罩；亮面铬合金、黑色铬合金或塑料内核、锡镭喷漆沙发腿；坐垫采用聚酯纤维和无害羽毛；沙发套为 100% 全棉。

尺寸：
67 cm × 88 cm

Molteni&C 出品的 Breeze 系列沙发

公寓位于 29 层，开阔的全景视野是屋主当时选中这间公寓的重要原因。

色调淡雅的公寓卧室、淡蓝色墙壁的卫生间以及大理石地面，是屋主最喜欢的设计。

	C: 00 M: 00		C: 27 M: 30
	Y: 00 K: 00		Y: 33 K: 00

	C: 38 M: 56
	Y: 66 K: 00

Flou 出品的 Peonia 双人床

双人床舒适浪漫。床头和床架基座覆盖软垫，有布面、皮革或 Ecopelle 仿皮等多种材质外衬可供选择；魔术纽扣的细节设计，可以实现自由拆卸；产品有舒适箱式弹簧垫基座、带储物功能基座和固定基座三种供选择；高度分 25 cm 或 16 cm 两种；有遥控移动功能。

步入式衣橱设计非常值得一提：淡绿色古典风家居搭配烫金封层灯具。飘窗放上柔软的坐垫，变身读书，蜗居其中享受静谧的读书时光，一定非常惬意！

好时光住宅

建筑设计: Bogdanova Bureau
地点: 乌克兰基辅城郊
摄影: Roman Shysak、Andrey Bezuglov

C: 10 M: 03
Y: 08 K: 00

C: 48 M: 28
Y: 23 K: 00

C: 48 M: 88
Y: 70 K: 12

设计理念

好时光项目位于乡村田园，屋主是一个家庭，年轻的夫妻和两个男孩正在准备迎接家里小女儿的降生。我们非常荣幸能为这家人设计新居。设计师改变了房子的原有结构——为房屋增加多个功能型房间，保留原有的双面采光客厅和屋顶高度。由于房子掩映在树木中，我们决定以原木色来进行室内设计。木色和原色装饰贴片成为室内设计的主要材料，同时，设计师用大量白色大理石来点亮昏暗的空间。

好时光住宅

设计师将两个衣帽间分别安排在靠近玄关处和壁炉附近。一楼原有卧室中的一间改成供女主人使用的全屋衣柜——这大概是我们设计过的最大衣柜。

客厅的一面墙上开了窗户，不仅在视觉上增大了空间面积，还为卫生间提供了采光。

 C: 54　M: 40
Y: 39　K: 00

 C: 30　M: 97
Y: 99　K: 00

Minotti 出品的 Collar 沙发

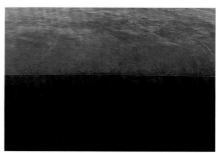

材质:
金属、聚氨酯纤维、鹅绒软垫。

简介:
得益于 Collar 系列沙发的独特座椅设计，拆装沙发的靠背和扶手可以变成三种不同的形态；装饰性白镭色可脱卸金属装饰勾勒出部分扶手和靠背的轮廓。

木色和原色贴片是卧室的主要设计用材。

| C: 12 | M: 09 |
| Y: 09 | K: 00 |

| C: 39 | M: 20 |
| Y: 52 | K: 00 |

| C: 57 | M: 58 |
| Y: 58 | K: 03 |

Poliform 出品的 MAD 系列扶手椅

材质：
扶手椅轮廓采用不规则铸造手法，材质为聚氨酯纤维；轮廓上覆聚酯纤维软垫，可脱卸弹力椅套，椅套可选布艺和皮革两种材质；实木椅腿，烟灰色染色橡木，以斯佩萨特橡木或天然橡木封层。

尺寸：
95 cm × 89 cm × 高度 86 cm

设计师将衣帽间的后墙改造为客厅的藏书和隐藏式储物系统。宽大的空间足以满足家庭的藏书和储物需求。

这是两个男孩的儿童房成品图。每间儿童房都带有隔间和攀爬架；设计师将小隔间做成儿童浴室，采用
O 品牌卫浴。

一进门，一群铬金飞鸟扑面而来；鸟儿们仿佛
为迎接客人特意从森林归来。

我们与 Blanc Kitchen 合作，为这个项目独家定制了一套全新的厨房系统；现在，这套设计已经开始
量产。其独特之处在于隐形面板背后的工作区，所有的厨具、家电都收纳在这小小的 35 cm 空间里。

Geef 庄园

建筑设计: Damilanostudio Architects
项目经理: 建筑师 Duilio Damilano
项目合作方: 建筑师 EmanuEle Meinero，建筑师 Enrico Massimino
摄影: Andrea Martiradonna

设计理念

吉福庄园位于意大利松德里奥（Sondrio）市的第一个卫星城，周围城建发达，设施便利；这块土地最初是电力公司员工的休闲用地，有一栋楼和一个操场组成。但土地面积和周围群山环绕的环境，这里发展潜力巨大。为了突出周边瓦尔泰利那（Valtellina）葡萄园的优美景色，建筑师决定设计一个单层庄园，让屋主能够轻松享受到周边葡萄园的美景。为了尊重环境和社区邻居，庄园的建造实现对葡萄园美景的零遮挡。庄园的外观设计，线条优美流畅；设计师将整个建筑清晰地分成两部分，中间由与入口平行的封闭式门廊相连，一边为客房和与之相连的车库，另一边是屋主居住的起居区域。

家居细节

设计师尽量用最少的设计，让庄园与周围郁郁葱葱的环境形成自然融合。玻璃、木头和石料是本次设计的主要用材。由于园区内材质充裕，设计师尽量就地取材来装饰室外空间。

产自当地的蛇纹石（Serpentino stone），被以多种形式应用到庄园的各个角落：外部地板的石头经过切割处理；墙壁石料经过分离处理。此外，参照鹅卵石的形态处理，蛇纹石还被应用于院中的镜面水池池底。为了突出暖色系遮阳棚均匀的光影效果，外部天花板采用了暹罗的建筑风格。一系列取自本地的原料，让屋主在家时，仿佛置身温暖的天地；同时，又不会错过窗外的自然美景。

居住区选用原色胡桃木地板和深色墙面喷漆。Rimadesio 出品的玻璃门与墙面完美融合。屋主注重家居舒适感，因此选用由 Francesco Binfare 为 Edra 设计的 Standard 系列沙发。

设计师希望突出内部环境与外部环境的交融连结，因此在设计选材、家居和色彩选择上尤其考究。设计师尽量选择白色或石料，以从色彩上强调廊下与玻璃门的明暗对比。

C: 12　M: 09 Y: 09　K: 00	C: 20　M: 25 Y: 55　K: 05
C: 69　M: 60 Y: 60　K: 10	C: 00　M: 00 Y: 00　K: 100

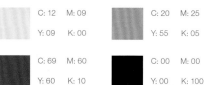

材质：
金属框架、聚氨酯纤维填充、合成纤维衬垫；靠背和扶手相互独立，以满足用户需求，多角度轻松享受舒适坐姿。

尺寸：
自 300 cm × 160 cm × 65 cm 起

Edra 出品的 Standard 系列沙发

客厅区域沿用同样的大理石墙壁，搭配 Cassina 出品的 412CAB 皮革椅。

C: 20 M: 25 Y: 55 K: 05	C: 69 M: 60 Y: 60 K: 10
C: 55 M: 65 Y: 76 K: 13	C: 00 M: 00 Y: 00 K: 100

材质：
珐琅包膜金属框架；坐垫采用聚氨酯海绵橡胶。座椅全包马鞍革，有多种颜色供选择；产品同时销售原色真皮款式。

尺寸：
47 cm × 52 cm × 高度 82 cm

Cassina 出品的 412CAB 皮革椅

材质：
操纵杆、手柄和基座采用镀镍钢材，钢制框架，无氟聚氨酯海绵橡胶垫和涤纶内衬，不可脱卸布艺或皮革外衬，可脱卸头枕和脚踏可以选配特殊工艺的全包布套。

尺寸：
90 cm - 182 cm × 78 cm × 高度 106 cm

K10 出品的 DODO 系列扶手椅

建筑师以品质为出发点，亲自为项目选择家具。部分家具出自屋主私有珍藏。最终设计成品，凸显家具的品质和设计感。Edra 的产品能够很好的中和环境，达到平衡和谐的设计效果。

Alys 系列双人床外部线条流畅优雅，内部采用 B&B Itaias 独家的钢管结构，床垫为灵活度高的聚氨酯海绵橡胶，外包光面或浮雕图案厚皮革，更加深了静谧的夜晚中深沉的氛围。

C: 12 M: 09	C: 69 M: 60
Y: 09 K: 00	Y: 60 K: 10

C: 77 M: 78
Y: 96 K: 65

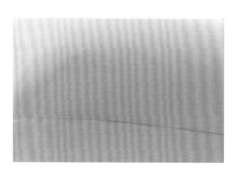

材质：
内部采用钢管和钢制框架。

床体外部：原色、黑色、深棕色、托尔托瓦褐色（Tortora）、象牙色厚皮革；或原色、黑色、深棕色、波尔多红、喜力绿色、泥绿色带浮雕图案厚皮革。

B&B Italia 出品的 ALYs 系列双人床 / 图片：B&B Italia

卫生间的当代艺术风墙纸来自 Wall&Deco。

CUMARÚ 公寓

室内设计: Diego Revollo
摄影: Alain Brugier

设计理念

来自圣保罗的年轻屋主 Alto de Pinheiros 希望室内设计能满足他们的生活所需: 空间大小适中, 既有空间供女儿玩耍, 又不至于过分空旷, 扰乱他们简单的生活。公寓所在的街区安静居家, 大片绿化区域郁郁葱葱, 阳光明媚。设计师希望公寓的建筑风格与街区环境匹配。

家居细节

屋主非常年轻, 家中有小朋友, 因此, 设计师用多彩的色调来打造轻松舒适的家居环境。换掉老旧的白色调, 用现代风的浅灰色填充公共空间, 使整个公寓的氛围焕然一新。在家居装饰上, 家具的选择结合了建筑师和客户的想法。巴西风格的大件家具和国际化设计师的作品, 强调了结构空间上的自然过渡。同时, 家具大胆明快的色调也非常抢眼。

至于整体的家居设计与装饰，家具的选择立足于建筑师和客户的的整合意见。整体家居布局选用了巴西国际设计师的优秀作品。正如前面提到的，这些作品采用了大胆的颜色，引人注目。

一体式露台的景观给家庭日常的欢声笑语增添了几分热情好客的氛围，同客厅一样的灰色基色，让人感觉轻松愉悦。通过不同衬垫的替换，采用质感不同的材料，通过同色系的重组搭配，确保配件与环境相互搭配，避免客厅设计的雷同，其图案又与客厅设计相互搭配。

橙色、蓝色等浓重色调的家具与淡雅的空间主色调形成对比，平衡整个空间。同沙发一样，设计师在其他装饰家居上延用跟地毯类似的蓝色，使彼此相互呼应。

	C: 00 M: 00		C: 38 M: 60
Y: 00 K: 10		Y: 85 K: 00
	C: 77 M: 54		
Y: 14 K: 00		

材质：
原生巴西木质框架；坐垫有布艺、真皮等材质选择，此外，消费者可自己提供材料或丝绒定做。

尺寸：
宽度 27.6 cm × 深度 25.6 cm × 高度 23.6 cm
座椅高度 15.7 cm

Etel 出品的 ADRIANA 系列休闲扶手椅

在这个项目装饰细节中，只要认真观察，你就可以发现简单和朴实贯穿每一个空间区域。

 C: 26 M: 29
Y: 32 K: 00

 C: 78 M: 60
Y: 36 K: 00

MissoniHome 出品的 VALDEZ 软凳

材质：
Trevira® CS

尺寸：
60 cm × 40 cm

简约，优雅，Bold 系列椅子是整个卧室设计的点睛之笔。

C: 10　M: 10
Y: 07　K: 00

C: 40　M: 100
Y: 64　K: 03

C: 47　M: 60
Y: 80　K: 04

Big-Game 出品的 BOLD 系列椅子

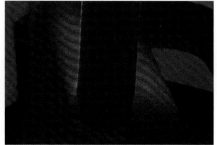

材质：
可脱卸布艺椅套，金属框架和聚氨酯海绵垫。

尺寸：
宽度 39 cm × 高度 77.5 cm × 深度 53 cm

金橡木公寓

室内设计: Yuriy Zimenko
摄影: Andrey Avdeenko

C: 00 M: 00 Y: 00 K: 00		C: 20 M: 25 Y: 55 K: 05	
C: 76 M: 59 Y: 49 K: 04		C: 90 M: 62 Y: 68 K: 25	

设计理念

毫无疑问,典型的基辅建筑特色,配合窗外 Dnipro(第聂伯河)的壮丽景色,注定了公寓延续华伦天奴奢侈品店的风格,设计师甚至直接从中借用了很多设计细节。华伦天奴的设计风格保守,室内装修多采用暖色或冷色材料,突出其服装和配饰的精美。设计师 Yuriy Zimenko 有幸见证了一次华伦天奴旗下门店的设计,并决定在公寓的室内设计上,沿用这一理念。当老客户叩响了工作室大门,设计师大展身手的机会就来了。如今,这间基辅风格公寓延续华伦天奴的设计风格——石头的冷峻质感和木材温润的表面形成强烈对比。设计师认为,质感、装饰和屋主本人的情绪,共同构建了这间公寓的气场。

家居细节

屋主的唯一诉求,在于空间的功能分区。屋主希望,在 160 平方米的空间里,拥有与餐厅区相连的宽敞客厅、配备平面橱柜的厨房、卧室、儿童房、衣帽间、卫生间和一间带有工艺陈列角的客房。设计师首先确定了公寓的功能分区并制作出一个方案,然后着手进行室内装饰设计。设计师以灰色瓷砖作为主材料,并将其用在除卧室和儿童房外的每一个空间。灰色是潮流圈的常青色,受到设计师青睐并不奇怪;而金色的选择,则抓住了当下的时尚趋势——这在华伦天奴和 Yuriy Zimenko 工作室的作品中都有体现。设计师选用了包括 Poliform 和 Moooi 等品牌在内的柔软的家具;它们与墙纸一起,丰富了整件设计作品的灵魂。

灰色不是随意选择的。虽然黄金是当前趋势，但是灰色却是永不过时的潮流。这不仅可以 Valentino（华伦天奴）的设计工作室看出，在 Yuriy Zimenko（尤里·季曼科）的设计工作室也是如此。这是初次在项目中加入 Poliform、Moooi 等著名品牌的软家具，并使绘画作品提升空间氛围。

C: 00 M: 00		C: 12 M: 17
Y: 00 K: 00		Y: 24 K: 00
C: 67 M: 45		C: 40 M: 40
Y: 39 K: 00		Y: 43 K: 00

Moooi 出品的 ZIO 系列餐椅

材质：
布料，橡木。Marcel Wanders 设计的 Zio 系列现代风格餐椅，外形优雅，使用舒适，赋予了家庭就餐时间全新的意义。餐椅为实木框架，线条优雅流畅，坐垫柔软舒适，让人 100% 放松，尽情享受美味佳肴，和与家人就餐的温馨时光。

尺寸：
84 cm × 43 cm × 57 cm

为了从对比中突出设计的表达力，由乌克兰公司 Feronia 定制的所有壁橱类家具（厨房除外）都采用金色包边装饰。

C: 00 M: 00 Y: 00 K: 00	C: 12 M: 17 Y: 24 K: 00
C: 67 M: 45 Y: 39 K: 00	C: 40 M: 40 Y: 43 K: 00

材质：
不同密度的聚氨酯纤维衬布，羽毛填充。外罩可脱卸皮布结合沙发套。磨砂喷漆金属材质的沙发腿和框架结构，有棕色、银白色和香槟色可供选择。

Poliform 出品的 BELLPORT 系列沙发

在私人起居区，游戏桌由法国橡木镶板做成，装饰温暖的蜂蜜色摆件。设计师不仅将对比运用在设计质感和材质上，还运用在有公寓设计所体现的生活方式上——不同于客厅的会客社交功能，卧室和儿童房往往是休息和独处的空间。

米兰 VIU 酒店

建筑设计: Arassociati Studio di Architettura
室内设计: Nicola Gallizia Design e Arassociati Studio di Architettura con Daniele Scolari, Francesca Romanò
摄影: 由 Arassociati Studio di Architettur 提供

设计理念

米兰 Viu 酒店位于新兴的 Porta Volta 中心地带。
酒店准确把握现代不夜城的精髓，坚持循序渐进的
可持续建筑理念；同时，其优雅的室内设计，体现了
传统米兰风格设计的美学价值。Porta Volta 街区以
16 世纪城墙的北面出口命名，年轻激情的创业者和
创新设计师通过一个涉及广泛的"重塑计划"，对街
区进行了彻底的改造重塑。这一计划，是米兰周围
街区城市化改造的重要里程碑。

家居细节

在酒店外观设计上，建筑设计师以玻璃外墙点缀绿
色植物，与翻新后的街区在美学风格上形成统一。

酒店内部多种颜色和不同质感的设计细节混搭——橡木地板与深色木质在色彩上形成对比，搭配来自 Monlteni&C 的 Contract Division 系列意大利家具，经典不过时。Arassociati 工作室和 Nicola Gallizia 工作室负责酒店的室内家居设计；两家事务所深度合作，选用浊色系搭配现代风材质，与建筑风格相互呼应，打造流畅经验的室内美学。意大利公司布艺公司 Rubelli 专门为酒店提供定制，全手工打造了全套家居，浅色系和布艺质感与橡木地板和深色木制家具形成对比。

 C: 12 M: 09 Y: 09 K: 00
 C: 73 M: 10 Y: 68 K: 00
 C: 00 M: 00 Y: 00 K: 100

Molteni&C 出品的 D.154.2 系列扶手椅

椅套：
外部为皮革，内部为布料。

椅腿：
镀铬钢材，配备塑料防滑推轮。

框架：
电焊金属框架；柔性冷铸模聚氨酯纤维。

坐垫：
定型聚氨酯和聚酯纤维填充；外罩树脂加工短绒布。

尺寸：
1204 cm × 814 cm × 高度 74 cm

Viu 酒店的入口处摆放着来自 Ferruccio Laviani 的不规则 Freestyle 沙发和两把 D.154.2 系列扶手椅。D.154.2 由 Gio Ponti 于 1954 年设计。得益于与 Gio Ponti 档案室达成协议，Molteni&C 获得授权继续生产该系列产品，以传承这位伟大米兰建筑师智慧的结晶，以免其失传。

 C: 30 M: 47 Y: 60 K: 00

 C: 73 M: 10 Y: 68 K: 00

 C: 69 M: 60 Y: 60 K: 10

材质：
布艺。实心烟灰色框架勾勒处笔直的线条，各部分之间的设计的设计细节丰富了设计的内容，突出了沙发的结实耐用。布艺抱枕同属这个系列家居产品，可以单独购买；抱枕的线条与沙发靠背柔和的轮廓形成对比。

Wiener GTV Design 出品的 HOLD ON 系列贵妃椅（HOLD ON DAYBED）

酒店一楼的会客区与大堂相连，宽敞明亮的接待大厅中央有一个大壁炉。两家工作室从传奇建筑师 Gio Ponti 独一无二的设计风格中汲取灵感，在酒店入口大厅的设计上使用古典风格的线条和工艺家居饰品。黑色玄武岩瓷砖为整个空间增添了现代感，而精心挑选的地毯则与家具设计的线条感形成呼应。索尼·乔治（Sony Gorge）的真迹装点了灰色的墙面，书架周围摆放着 Molteni&C 的沙发。酒店独特的建筑和设计风格吸引着游客和当地人慕名前来，在喧嚣的城市中营造出一方宁静的天地。

照明是 Viu 酒店整体设计中不可缺少的一部分。
Studio Voltaire 接下这个项目，在采光系统的设计
上延续了酒店的建筑设计风格。在客房设计上，Flos
出品的 Kap 系列嵌顶灯营造了温馨、雅致的氛围，
而一楼会客区温暖的白色照明，利用光影效果，突
出了 Rubelli 布艺家居的质感。天花板的照明系统，
来自 Flos 的 Magnet 2.0 创新设计，嵌入式聚光灯
增强了优雅的几何纹样之间的明暗对比。

流畅的空间设计引导顾客光临 Bulk —— 一家由米其林星级厨师 Giancarlo Morelli 主理的休闲餐厅。与酒店相比，Bulk
餐厅的设计风格更加低调、灵动：餐厅周围分布着绿植区，在设计上，餐厅选择了实木地板和暖色系自然派色调。受酒店
原址上的米兰文化中心启发，Bulk 餐厅承担了多方位的社交功能，开放式厨房持续向客人供应当地美食。舒适的矮凳设计
适合休闲午餐和下午茶聚会，而复古风家居和古典主义设计风格则让人联想起掩映在一排排米兰风大牌屋中的避世小阁
楼。Bulk 餐厅的调酒师休闲酒吧和花园俯瞰 Porta Volta 新建的公共广场，一排排精致的深色柚木家具整齐摆放，酒店的
专业团队每天都要用内格罗尼酒将桌椅擦拭锃亮，非常适合承接夏日鸡尾酒派对。

Molteni&C Contract Division 为整个项目
的公共区（大厅、餐厅、酒吧）、卧房和套
房提供定制大件家具和各种零散家居饰品。
Molteni&C 的产品以精致优雅著称，与酒店内
各种艺术藏品相映成趣。精致的家居和艺术品
强化了酒店专为品位高雅的顾客打造的私家宅
邸的品牌形象。

米兰天地

室内设计: Yuriy Zimenko
摄影: Andrey Avdeenko

C: 00	M: 00		C: 04	M: 36
Y: 00	K: 10		Y: 40	K: 00
C: 45	M: 62		C: 16	M: 90
Y: 50	K: 00		Y: 80	K: 00

设计理念

新家新设计! 房屋总面积 120 m²，住着一对年轻的夫妇和他们的孩子。整个设计简便而充满趣味性。首先，屋主事先沟通了自己对于设计的底线要求。遵照屋主要求，设计师使用白色系，剔除冗杂的设计细节，整个空间明亮干净。其次，设计师与屋主不谋而合，希望增强公寓设计的艺术感。因此，整个设计理念以禁欲主义和极简主义为基础，部分结合精致的现代艺术风格。

家居细节

公寓的每个部分都仿佛融合在一块画布上，和谐统一，令人叹为观止。地面使用法式人性平行花纹地砖。

整个空间看似中规中矩，但设计师 Yuriy Zimenko 不放过任何可以进行艺术试验的细节。

地板整体采用奶白色，但每个房间都装饰几块彩砖，仿佛油画布上的信手几笔。而每个房间的彩砖都和房间主色调搭配。

比如，在客厅里——这信手几笔是红色

而到了卧室，则变成绿色。

	C: 00　M: 00 Y: 00　K: 10		C: 27　M: 14 Y: 12　K: 00
	C: 45　M: 62 Y: 50　K: 00		C: 82　M: 65 Y: 64　K: 23

Molteni&C 出品的 D.153.1 系列扶手椅

材质：
D.153.1 问世于 1953 年，是 Gio Ponti 位于米兰 via Dezza 私宅中的家具。Molteni&C 从 Ponti 档案室取得图纸，将其加工后再次推向市场。黄铜框架，椅套可选蓝白撞色皮质或 Punteggiato 布艺两种；Punteggiato 布料由 Ponti 于 1934 年为 Rubelli 设计。

尺寸：
77 cm × 103 cm × 80 cm

客厅区是橙色系。

客厅所有的家具都有优雅的支撑，增强了空间的设计感。为了丰富设计的视觉效果，乌克兰手工艺人 Lesya Padun 设计了陶瓷风格花纹，并由白俄罗斯艺术家 Ruslan Vashkevich 执笔绘就。客厅的每一处都透露着上世纪 60 年代老米兰公寓的气息。公寓家具也是 100% 意大利货：厨房设备来自 Dada，座椅和壁柜家具来自 B&B Italia。纯正的意大利风格！

C: 00 M: 00
Y: 00 K: 10

C: 20 M: 52
Y: 38 K: 00

C: 47 M: 69
Y: 90 K: 09

C: 54 M: 82
Y: 98 K: 32

Dedar 出品的 SHORT-CUT SN 防火带纹样布艺

材质：
超自然风格，高品质，高美学价值。纯棉和粘胶纤维混纺的条纹花布紧密包括聚氨酯纤维，保证了沙发的坚固、不褪色、耐油污和防水等功能特性。大颗粒聚氨酯质地柔软，天然凹凸不平的效果触感卓越，强化了沙发的现代风质感。防火带纹样大面积运用于会客区、餐吧和墙面（编制纹样背景装饰），与干净的空间形成对比。

材质：
GLOVE-UP 系列，是一组风格严谨，以蜿蜒流畅的曲线为特点的铸造家具的升级。椅背流动的线条与纤细的椅腿形成对比，优雅和谐。Glove-up 设计灵动有趣，可以用作会客座椅或者小型扶手椅，与任何古典主义或现代风格家具搭配使用。产品有布艺术和皮革两种材质供选择。

尺寸：
宽度 515 mm × 深度 556 mm × 高度 816 mm

Molteni&C 出品的 GLOVE-UP 系列扶手椅

Porta Nuova 公寓——Aria Tower

室内设计: Giovanni Pagani
摄影: Simone Fiorini

C: 00   M: 00   Y: 00   K: 10

C: 00   M: 00   Y: 00   K: 50

C: 00   M: 00   Y: 00   K: 100

设计理念

位于 Porta Nuova 的 Abitare 不仅是全欧洲最大的城市复兴项目的重要组成部分（该项目也是国际范围内的米兰标志性运动），而且凭借其在纺织业的重要地位让整座城市熠熠生辉。Aria Tower 是 Porta Nuova 众多标志性建筑之一：这座 18 层建筑由迈阿密的 Arquitectonica 工作室和来自米兰的 Caputo Partnership 工作室合作完成，体现了意大利高品质设计和国际化设计师创造力之间的完美融合。Torre Aria（Aria Tower 的意大利名字）独一无二的室内设计，凝聚了两大设计事务所的智慧：Giopagani 兼收并蓄，从设计概念到高端家具，为室内设计提供 360 度全方位服务；COIMI Image，专注建筑设计、室内设计和空间规划。

家居细节

公寓的布局强调了 Torre Aria 的独特优点：私密性良好、舒适感无与伦比、全景景观独一无二。

公寓的室内家居，是两家设计工作室联手打造，独家定制，并由 GIOPAGANI 独家生产的太空舱系列产品：设计师大胆地将 50 年代的意式风格与 Dino Gavina 的设计和更易引起共鸣的 60 年代垮掉的一代设计元素融合。

全新的生活理念认为，光线才是室内真正的主角。承袭这种观点，摄影师更加注重室内室外在空间上的互动：透明的落地窗充满阳光，使整个房间更加空旷透气，突出了整栋楼的雄伟高大；同时，自然光线从视觉上扩充了整个空间。

 C: 05 M: 05 Y: 05 K: 00

 C: 00 M: 00 Y: 00 K: 80

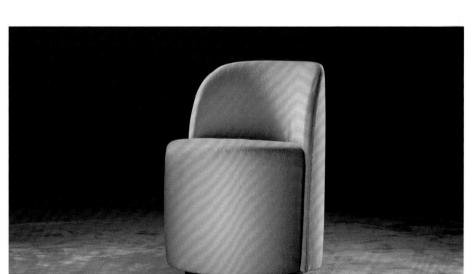

Giopagani 出品的"探索"（DIG IT）系列扶手椅

材质：
"探索"（DIG IT）扶手椅属于太空舱产品系列 HELTER SKELTER，有扶手椅和普通座椅两个款式。产品由木制框架和软硬度可选的高密度聚氨酯海绵坐垫组成。椅套有布艺和皮质两种材质可供选择，椅腿为哑光黑色木头材质。

尺寸：
宽度 66 cm × 深度 63 cm × 高度 67 cm | 座椅高度 37 cm
宽度 61 cm × 深度 62 cm × 高度 80 cm | 座椅高度 40 cm

整个设计项目分成两个大的部分，分别遵照不同的设计理念。日常活动区域通过一条通道将客厅、厨房和餐厅区全部打通，构成一个宽敞的开放空间。

房间地面和墙面为大理石材质，其中点缀石膏装饰细节和染色木质壁橱，以突出项目的有机精神。空间色调由灰色向黑色过渡，参杂少许金属质感。

| | C: 03 M: 05 | | C: 05 M: 15 |
| | Y: 05 K: 00 | | Y: 30 K: 00 |

| | C: 69 M: 66 |
| | Y: 70 K: 24 |

Giopagani 出品的 DÉJÀ VU 系列凳子

材质:
DÉJÀ VU 属于太空舱产品系列黑色精神（ESPRIT NOIR）。产品有靠背椅和凳子两个版本。木制框架外覆聚氨酯海绵垫；椅套为全包设计，有布艺和皮质两种材质；凳脚为优质金属。

尺寸:
宽度 56 cm × 深度 47 cm × 高度 94 cm
座椅高度 76 cm

夜间休息区更加安静私密：两间卧室均按套房标准设计，配套设施齐全，温馨舒适。卧室由一个过渡区域相连。休息区延续休闲活动区的色彩搭配，并增加了地毯等设计细节。地毯搭配木制家居，保证了卧室环境的安静和私密性。

C: 00　M: 00
Y: 00　K: 00

C: 69　M: 66
Y: 70　K: 24

Giopagani 出品的午夜漫游（VOYAGE D' UNE NUIT）系列双人床

材质：
物业慢慢游系列双人床属于太空舱产品细节 SARTORIA。
有皮革和布艺两种材质。

尺寸：
宽度 200 cm × 深度 238 cm × 高度 75 cm

伦敦 Gasholders

室内设计: No.12 Studio LTD
摄影: Tina Hillier

	C: 06	M: 07		C: 46	M: 60
	Y: 14	K: 00		Y: 79	K: 03

设计理念

No.12 是一家总部位于伦敦的设计工作室,由 Katie Earl 和 Emma Rayner 创立。伦敦奥德豪庭公寓是国家二级保护建筑。前身是国王十字火车站附近的三座煤气储备站,后用作居住,内有 147 套公寓。No.12 工作室刚刚为奥德豪庭公寓设计了一套两居室、一套三居室的样板间。

除此之外,工作室还负责这项 WillkinsonEyre 主导的设计项目的公寓公共区域和共享空间设计改造,包括公寓大堂、入口接待处、配备休闲区和会议室的商务套间、配备游戏房、私人餐厅、放映室、水疗、会客室和更衣设施的休闲娱乐区,以及公共屋顶花园的家具设计。

设计师精心准备,坚持精致的现代主义设计风格,引入一系列定制家居,突出公寓强烈的建筑风格和各种高科技设施。

家居细节

设计师想象，屋主应该是个环游世界的收藏
家，拥有一系列精致的美术、雕塑和艺术品收
藏。因此，146.32 m² 的三居室样板间，设计
师选择简约、阳刚的设计风格

入户玄关的另一边，是一个带有办公区的安静明亮的商务角——屋主在家就可以灵活的安排，选择最适合自己的办公方式。

	C: 08　M: 20		C: 44　M: 30
	Y: 27　K: 00		Y: 45　K: 00
	C: 46　M: 76		
	Y: 79　K: 10		

材质:
扶手椅各部分设计符合人体工学原理，非常舒适。FIORENZA 由意大利家具行业标杆 Arflex 制作，椅套选用柔软的羊毛面料，椅腿有黑色喷漆和米黄色喷漆两种可供选择。

尺寸:
高度 102.87 cm × 宽度 73.66 cm × 深度 91.44 cm

Arflex 出品的 FIORENZA 系列扶手椅

空间设计选用圆润的线条，呼应公寓楼整体轮
廓；定制餐桌的桌面弧度设计考究——既与室
内设计风格相衬，又能提高坐姿的舒适感，增
强实用性。

染色鹿皮绒制成的镂空定制墙板与多孔金属建筑外墙和黄铜百叶窗相呼应，
在细节上延续了整体的设计风格。娱乐区的设计同样打破常规——将台球桌
的绿色台面换成黑色，混搭现代主义风格和经典设计。

这种强烈的风格对比，为未来买家设计房屋提供参考。清晨，太阳升起，阳光透过窗户洒下来时，整个公寓笼罩着金色光环，能够让人们感受到生活的美好，这也是 No.12 的设计背后的灵感。同以往一样，设计师布置了定制家具和各种家居装饰，以迎合未来屋主的生活方式和审美品味。

Kettal 出品的 BITTA 系列椅子

材质：
椅子采用铝制框架、针织涤纶座椅衬布和舒适的坐垫；配套桌面的材质为柚木和石材。

尺寸：
60 cm × 60 cm × 81 cm

国王十字车站的地理位置，通过原版古董车票展现出来。此外，设计师还在餐桌上摆放了一件低调的中国瓷器，这大概是整个公寓里最贵的家居装饰之一。

在就餐区域设计上，设计师选择英国家居设计制造商 Tom Faulkner 出品的系列餐椅，外罩 Pierre Frey 的单色波点布艺椅套。出自广受喜爱的英国、塞浦路斯混血设计师 Michael Anastassiades 之手的雕塑感吊灯，延续了整个空间的英式古典主义风格。

C: 05　M: 05
Y: 05　K: 00

C: 10　M: 22
Y: 60　K: 00

C: 68　M: 62
Y: 64　K: 13

放映室是整栋建筑的点睛之笔，位于公寓楼的中心地带。放映室使用偏蓝墨鱼色墙纸、地板和天花板，带来效果逼真的沉浸式放映效果；同时，割绒地毯增强了观看者的影音体验。

主卧的主色调为白色，设计师用最少的色彩创造了大胆鲜明的设计空间。定制的曲面床头柜利用有限的空间，使房间从视觉上得到延伸。

两居室公寓的面积 181.63 m²。与三居室公寓相比，设计师有意使用更暖的
配色，增加大胆的雕塑感设计细节，选择红橙色、铁锈色和低饱和度的红色
为公寓主色调。

PIUR 餐厅

室内设计：Masquespacio
摄影：Luis Beltran

C: 07 M: 10
Y: 30 K: 00

C: 45 M: 72
Y: 77 K: 06

C: 42 M: 60
Y: 89 K: 00

设计理念

本次设计的灵感，来自于餐厅品牌策略的调查、顾客认同的诚实和食材新鲜的价值观以及创始人的瓦伦西亚血统。此外，据顾客分享，他们大多喜欢与家人或朋友来餐厅享受愉快的美食时光。因此，设计师首先挖掘设计理念，希望找到一种风格，能够体现老板的瓦伦西亚文化的同时，得到消费者的青睐。

家居细节

据 Masquespacio 的创意总监 Ana Hernandez 介绍，设计团队决定向本地最重要的建筑中心市场致敬。中央市场不仅是瓦伦西亚最著名的新艺术风格建筑，而且以品质优良的有机产品著名。说回设计本身，我们在餐厅里使用中央市场立面上标志性的装饰纹样；不同方向的灯源交汇出丰富的光影空间——不管是两人烛光晚餐还是家庭聚会，顾客每次光临 Piur 餐厅，都能有不同的光影体验。

Sancal 出品的 MAGNUM 系列高脚凳

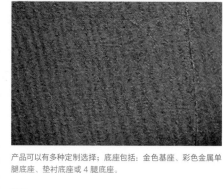

产品可以有多种定制选择；底座包括：金色基座、彩色金属单腿底座、垫衬底座或 4 腿底座。

尺寸：
53 cm × 53 cm × 105 cm

另一方面，设计师选用天然原材料，比如木头、陶土砖块等。整个空间以大地色系为主，搭配跳跃的西红柿红。最后，设计师希望，这个 500 m² 的空间，能让顾客每一次光临，都能有独一无二的体验，帮他们远离生活的喧嚣，享受宾至如归般的片刻宁静。

 C: 07　M: 10
Y: 30　K: 00

 C: 45　M: 72
Y: 77　K: 06

 C: 00　M: 00
Y: 00　K: 80

Sancal 出品的 MAGNUM 系列高脚凳

EstudiHac 设计工作室的 José Manuel Ferrero 是西班牙人，但他的设计手法与 Mayfair 的独家定制作品有异曲同工之妙。他为 Sancal 设计的新作品 Magnum，设计风格向英式优雅致敬。这位绅士设计师的设计灵感，伦敦上流社会俱乐部里高谈阔论的绅士手里拿的白兰地酒杯。

尺寸：
53 cm × 52 cm × 高度 76 cm

纽约乐活复式公寓

室内设计: STUDIOLAV
建筑设计: Joseph Pell Lombardi Architects
摄影: Dlux Creative

家居细节

在乐活公寓的设计中，屋主最重要的要求，是希望能够承办 10 到 15 人的社交聚餐或排队。设计师综合考虑包括客厅和就餐区在内的会客区域，进行必要的家居布置，以鼓励大家在这个宽敞舒适的空间里与访客互动。

设计理念

作为世界公民，我们以地球为家，用心感受整个世界。我们坚持自己的信仰，珍视过往所有的经历；也渴望探索和体验新的文化。每个人都是自己经历的收集者。游走于多文化之间的人，往往希望对他们的临时居所进行创造性试验，创造能够从视觉上展现他们兼容并包的个性和生活方式的环境。设计师与这座位于纽约曼哈顿的乐活复式公寓的屋主们会面，从他们多元化的背景和包容的个性中汲取灵感，并很快将设计构思变成现实。

在主要的社交区域，设计师还增加了聚会区。精心挑选的小型家具组成了一个舒适的角落；如有必要，这些家具还可以在大型聚会时用来救急。

	C: 24 M: 15		C: 08 M: 37
	Y: 12 K: 00		Y: 19 K: 00

	C: 89 M: 75
	Y: 05 K: 00

由 Prostoria 出品的 Segment 沙发

面料：
Kvadrat 经典面料 Hallingdal 65。

在空间规划上，公寓需要一个安静舒适的休闲办公区，满足屋主在家办公的需求：考虑到开放空间的整体格局，除书桌外，设计师并没有为办公区增加其他设计细节。此外，设计师在办公区旁边安排了读书角。

舒适的扶手椅配备脚蹬，圆形地毯风格艳丽，旁边窗帘闪着柔和的光。书架向人们展示了学习角的功能性。

C: 35 M: 10 Y: 35 K: 00		C: 20 M: 30 Y: 60 K: 00	
C: 82 M: 73 Y: 44 K: 05		C: 00 M: 00 Y: 00 K: 100	

由 Republic of Fitz Hansen 出品的 Ro 木脚座椅

软凳以及椅套面料：
Kvadrat 经典面料 Canvas 794。

抱枕面料：
Kvadrat 经典面料 Canvas 0974。

其他功能区则亟需翻新，以满足住户的日常需求。设计师在现有的厨房岛台上增加了额外的储物空间和座椅。整个空间保持低调的白色系，尽可能拉近与其他分区的距离，同时保证功能性，让房客能够轻松地准备一顿美味的简餐。

| C: 00 M: 00 | C: 20 M: 30 |
| Y: 00 K: 10 | Y: 60 K: 00 |

| C: 35 M: 23 |
| Y: 20 K: 00 |

椅座以及椅背面料：
天鹅绒，Kvadrat 面料 Herald 3 0823。

MOROSO 出品的 DOUBLE ZERO 餐椅

包括卧室和走廊在内的其他区域装修风格更加中性低调，让住户们能够真正地放松身心。

纽约乐活公寓项目的成功，在于其坚持奢华的现代主义设计风格的同时，兼顾居住的舒适性，住客们的日常所需，以及会客等社交属性。从家具、照明、色彩搭配等每一个设计细节，不仅很好的烘托了屋主的艺术收藏，而且突出了他们活泼开放的个性特色。新旧风格的完美融合，打造了一个和谐但不失个性的家居空间。

城市高度

建筑设计: SAOTA
室内设计: ARRCC
室内设计师: Mark Rielly
摄影: Greg Cox

设计理念

在开普敦郊外的半山腰上，有一座由本地知名建筑工作室 SAOTA 设计的多角大楼。负责大楼中联排公寓设计的，是设计领域领导者 ARRCC。ARRCC 以宝石类设计和定制家具闻名，擅长根据顾客的要求，打造舒适、功能强大的休闲娱乐空间。设计师选择金属元素装饰室内平面，搭配暖色系木材和各种鲜艳的色彩，打造充满活力的居住空间。

家居细节

据 ARRCC 设计师 Nna Sierra Rubia 介绍，在入户门厅的设计上，胡桃木柜门与弥漫房间的温馨氛围相得益彰，黑色悬空圆盘上摆放斑驳的金属质感瓷器装饰，是 Chantal Woodman 为 OKHA 推出的作品，两者巧妙的搭配构思非常值得玩味。大理石质感的地板图案和定制款灰色几何造型羊绒地毯，搭配 Hennie Meyer 设计的各种陶瓷质感装饰，吸引人们细细品味每一处细节设计的独一无二。

C: 00 M: 00 Y: 00 K: 10	C: 20 M: 30 Y: 60 K: 00
C: 50 M: 63 Y: 79 K: 05	C: 00 M: 00 Y: 00 K: 100

椅套：
布艺或皮革。

框架：
抛光铝材和铬合金金属管，靠背和座椅加固。或粉末涂层框架。椅面下衬毡圈。

支撑：
抛光不锈钢材质或粉末涂层支撑。

尺寸：
86 cm × 高度 79 cm | 座椅高度 43 cm

Artifort 出品的迷笛郁金香（Tulip Midi）系列椅子

屋主可以窝在定制斜角沙发里发会儿呆，看看电视，或者欣赏窗外大海和阳台上的风景。镜面电视机的反射效果，从视觉上增大了空间面积。

设计师在客厅里安排了布艺铜制风铃，金属碰撞发出的叮咚声盖过人声的嘈杂；电视机下面是 Emperador 大理石包边的火炉，火炉使用天然有机燃料。而最惬意的，莫过于躺在芥末黄色的 COR 躺椅上享受片刻的静谧时光。

两把紫色沙发来自 OKHA 的 Gloob 系列，边桌则是 Minotti 的，紫色的使用，点亮了整个淡雅的空间。定制款咖啡桌和边柜组合造型奇特，分外吸引眼球。餐边柜旁装饰的雕塑感台灯来自 Tom Dixon Melt，其金属质感与整个公寓的装修风格相匹配。

	C: 15 M: 55		C: 50 M: 63
	Y: 70 K: 00		Y: 79 K: 05
	C: 82 M: 73		C: 66 M: 70
	Y: 44 K: 05		Y: 42 K: 00

OKHA 出品的 GLOOB 系列扶手椅

材质：
布艺。

公寓的另一边是吧台——来自 Crema 的 Lee Broom 系列吊灯塑造了整个空间的时尚感，屋主闲暇之余可以尝试居家调酒，休闲且惬意。设计师尽量使用硬朗的材料和造型来打造吧台区，屋顶的条形板材延伸下来，自然过渡到侧面的木制墙，壁柜里透出的灯光改善了吧台空间的照明条件。吧台造型是设计师独家定制的，桌面板材来自 Pietra Paesina Laminam，高脚凳出自 Tom Dixon，边桌来自 Limeline 的 Classicon 系列；高脚凳、边桌的色彩组合搭配光影效果，为这个休闲私密的角落增添了几缕活泼生动的气息。

据 Mark 介绍，客厅与室外平台相连，平台可以在下雨时完全封闭起来。Nina 和 ARRCC团队为屋主打造了两个室外休闲区——一边摆放中性色调定制躺椅，象征开普敦惬意的沙滩生活；另一边安排使用有机燃料的悬臂式小暖炉，供屋主从私人泳池出来后取暖。

顶层主卧套房风格更偏向男子气，但总体延续了胡桃木、灰色、芥末黄和曲线造型等公寓主要设计元素；亚麻窗帘的使用，使房间整体效果更加柔和。来自 Everard Read 的 Andrzej Urbanski 装饰画，几何元素丰富了设计细节。挂画两边的胡桃木装饰墙优雅温馨，活泼的黄铜元素点亮了整个空间。

| C: 30 | M: 23 |
| Y: 14 | K: 00 |

| C: 26 | M: 36 |
| Y: 56 | K: 00 |

| C: 50 | M: 63 |
| Y: 79 | K: 05 |

设计师精心挑选有质感的家具——限量版 Kaggen 系列边桌来自 OKHA，是品牌与 Atang Tshikare 的联名合作款；大理石面咖啡桌来自 Tonic。走进卧室，对面墙上 Shany van den Berg 的画作引人入胜——让人不仅感受自己从身体到心灵的广袤空间。

这是一间充满动感的公寓——各种设计元素碰撞，产生神奇的化学反应；设计成品如公寓主人一样，充满力量。

俄罗斯 Kaliningrad 美居酒店

室内设计: Sundukovy Sisters studio
摄影: Nikita Kruchkov

C: 00　M: 00
Y: 00　K: 00

C: 35　M: 35
Y: 40　K: 00

C: 72　M: 40
Y: 34　K: 00

构思

加里宁格勒，旧称柯尼斯堡。在这里各种文化、传统相互交融；著名作家，魔法故事《The Nutcracker and the Mouse King》(《胡桃夹子和老鼠国王》)的作者 Ernst Theodor Amadeus Hoffman 在此生活，故事后被柴可夫斯基改编成著名芭蕾舞剧"胡桃夹子"。设计师以此为背景，构思设计方案。

任务

以当地历史人文为灵感，打造一个有话题性、让客人过目难忘的酒店空间。

挑战

文化元素非常不好驾驭；另一个难题，是如何在不牺牲舒适性的前提下，打造内涵丰富的设计空间。

设计师用曲面墙构造了一个半封闭的空间，现代艺术家 Igor Skaletsky 利用多种技术手段，结合拼贴艺术和传统粉刷工艺，为墙面定制了 Hoffman 作品插图。

酒店的小酒吧大面积运用白色大理石元素。高低起伏的现代风 LED 灯具光线柔和，使整个大厅看起来温暖舒适。酒吧的后墙采用镜面装饰，装饰图案的几何元素堆叠成为整个空间的亮点。

不同于普通酒吧仅有的高吧台，设计师安排了不同高度的独立酒水桌，并为每张桌子搭配舒适的座椅。柔软的地毯，勃艮第红色天鹅绒窗帘的使用，让客人仿佛置身剧院；水晶吊灯和现代风灯具装饰将客人的注意力引向吧台；酒吧部分墙面采用窗帘图案墙纸。为了强调酒店临海的地理优势，设计师将屋顶和部分墙面粉刷成深蓝色。

 C: 26 M: 36
Y: 56 K: 00

 C: 45 M: 28
Y: 10 K: 00

 C: 31 M: 85
Y: 82 K: 00

材质：
设计感布艺椅子 / 舒适座椅、可脱卸椅套。

尺寸：
长 54 cm × 宽 64 cm × 91 cm
座椅高度 47 cm

Domingo Salotti 出品的 BLATH CHAIR 系列椅子

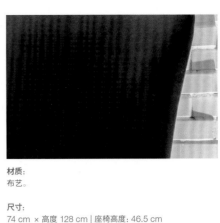

材质:
布艺。

尺寸:
74 cm × 高度 128 cm | 座椅高度: 46.5 cm

定制款高背休闲座椅。

设计师用现代主义手法表现历史元素，为顾客打造充满戏剧色彩的设计空间。美居酒店品牌墙被安排在酒店入口处，浮雕风格异形砖墙非常优雅大气。

7033-29

尖顶斜面塔形设计元素参考了加里宁格勒的城市形象。充满历史感的图案元素装饰地面、墙面和屋顶。

为了打造真正轻松休闲的房间氛围，卧室墙纸采用淡雅的暖色系，房间点缀洋红色床笠、蓝灰色椅子和祖母绿床头等亮色系元素。

独家室内设计

室内设计: Sundukovy Sisters studio
摄影: Nikita Kruchkov

C: 34　M: 17
Y: 17　K: 00

C: 27　M: 29
Y: 33　K: 00

C: 62　M: 60
Y: 60　K: 00

设计理念

这所阁楼公寓位于蒙扎历史中心的一个著名住宅区内。室内空间由几个住宅单元合并而成,后被划分为两层。第一层为家庭生活而设计,更加优雅和精致;第二层主要用于接待客人,因此设计上更加有趣活泼,空间轻快明亮。

家居细节

起居区域以深色调为主:直而长的入口处,随着一个精良的定制黑色玻璃体带领你进入一处布置有豪华棕色皮革沙发的空间,沙发旁是一张醒目的黑色大理石椭圆桌子。

厨房利用一扇铜制网格推拉门与起居区彼此分隔,设计上以金属面板和中部的克里特(kerlite)陶瓷流理台为特色。一条七米长的走道上铺设有垂直排布的直线形木镶板,连接起厨房和寝区。隐藏式 LED 灯照亮了通道,而通道将一体化的房门完美地遮掩了起来。卧室设有定制的衣柜、床、桌子和扶手椅,每个房间主题不同,以创造独特的个人风格。主卧浴室墙面由沙色胶结树脂完全覆盖,并使用不透明的玻璃屏幕遮挡。

起居区域以深色调为主:一套棕色皮革制豪华沙发成为了起居空间的主特色。在沙发上方,楼梯井被 4.5 米高的烟色玻璃嵌板和悬栏围合。

一扇铜制网格推拉门分隔开厨房和起居室。厨房以铁屑制成的金属面板和中部的克里特（kerlite）陶瓷流理台为特色。

 C: 62 M: 60 Y: 60 K: 00

 C: 00 M: 00 Y: 00 K: 100

材质：
织布。

YANG 系列沙发设计年轻，充满活力——几何线条勾勒出沙发的蓬松感的同时，留白处的视觉碰撞，产生了不寻常的设计韵律感。

Minotti 出品的 YANG 系列沙发

厨房采用金属隔板和 Kerlite 出品的中岛流理台；青铜色网状推拉门将厨房与客厅隔开。

宽大的原钢质楼梯（上覆 4.5 cm 厚玻璃面板）和烟灰色悬空栏杆，将一楼客厅与上层区域联通。

楼梯每阶高 6 cm，配备原钢质挡板和一体式扶手。

上层区域由于选择了更为柔和的颜色，使得空间轻快明亮。白色被用于休闲、健身和待客空间的设计。电视区配备了可伸缩的屏幕和投影仪，并布置有舒适随意的座椅。组合沙发的垫衬采用了高档的粗花呢和威尔士王子格纹呢面料，对比鲜明。

GOCCE D-3

LUILOR®

客房的设计特点在于定制家具与设计师家具的完美整合，它让每个房间都具有独特的个人风格。不透明的彩色玻璃像一盏灯笼，隐藏起由沙色胶结树脂覆盖的主卧浴室。

电视区配备自动伸缩窗帘和投影仪。放置了舒适的休闲沙发，其外罩选用威尔士亲王牌（Prince of Wales）斑驳的粗花布为材料。二楼的点睛之笔，是阁楼上改造的阳光房，阳光透过屋顶的天窗照进来，温暖明亮。

	C: 00　M: 00 Y: 00　K: 00		C: 27　M: 22 Y: 17　K: 00
	C: 49　M: 58 Y: 62　K: 00		C: 69　M: 45 Y: 95　K: 05

材质：
聚乙烯。Batyline 出品的 Comfortable 系列布料。

DALA 系列扶手椅风格休闲，各部分设计比例考究；靠背和坐
垫采用高科技 Batyline 布料，色彩搭配优雅和谐。

	C: 20　M: 10 Y: 15　K: 00		C: 37　M: 15 Y: 47　K: 00
	C: 25　M: 20 Y: 34　K: 00		C: 58　M: 26 Y: 70　K: 00

Dedon 出品的 DALA 系列扶手椅

3

访谈

Lorenzo Biagioni

LUILOR 品牌商务总监

对设计的热情、对原材料了如指掌、实时更新的技术、纺织和生产经验是 LUILOR 卓越品质的基础。通过不断的工艺改进和品质提升，品牌产品的进步日新月异。产品从初期设计到准备生产，全部在公司总部——位于蒙特穆洛（Montemurlo）的 Prato 纺织城完成——公司组织架构现代化，从原料选择到加工成品等各个生产环节，都由充满热情、经验丰富的员工负责，保证所有成品 100% LUILOR 制造。

1. Luilor 对原材料由什么要求？您如何找到理想的原材料？

答：Luilor 从意大利和欧盟供货商那里收购高质原材料，也直接生产部分纱线。我们的采购方式一般为直接采购和通过机构采购这两种方式。而纱线的生产则由 Luilor 员工单独跟进。

2. Luilor 如何实现材料上的创新？

答：Luilor 有自己的设计工作室来进行研究和设计，但也会找外部机构合作。

3. 在您看来，高品质布艺产品的生产过程中，最重要的是什么？为什么？

答：一个是纺织技术。纱线交织形成布匹的过程，是原材料品质、设计创新、生产组织架构和工匠经验等各方面的综合考验。另一个是质量监控。我们用放大镜去观察每一米织布，尽最大可能来保证成品的卓越品质。

4. 在当代社会，高品质的布艺产品越来越离不开现代工艺。Luilor 如何保证自己在对纺织品的印刷、浆染和成品技术上的与时俱进？

答：Luilor 与专业提供染色和成品技术服务的公司合作，引进他们最先进的工艺流程和优秀的员工。

5. 中国已经成为当前意大利布艺产品的最重要出口市场之一。比起欧洲顾客，中国客户在布艺产品交易上有什么特点？设计师在材质和风格设计上有哪些偏好？

答：所有的顾客都青睐经过深入研究后推出的高品质、高技术含量产品。Luilor 专注现代风，平织物，素雅、柔软、可清洗度上的杰出表现，这也是我们设计师不断追求的目标。

6. 高端定制家具在中国越来越流行。您如何看待中国市场上布艺品质卓越的定制家具模式？

答：为顾客提供同时在美学价值和功能性上表现优秀的产品可以增加产品的附加价值。而如今，电子科技的发展，让这一切成为可能。

7. Luilor 的织布产品日前被 Oeko-Tex 100 标准检验通过，这意味着什么？您如何定义可持续织布产品？布艺产品的可持续发展特性，对您的工作重要么？为什么？

答：Luilor 希望自己的产品对生态系统没有负面影响。我们使用可回收纱线和天然原材料（亚麻、棉、木、人造棉），并不断改进生产流程（使用可再生能源，分类收集，开发本地资源）。

8. 您认为，2020 年的设计 / 生产趋势是什么？什么在影响着趋势的变化？

答：Luilor 不变的秘诀永远是：实用性。

9. 2020 年的潘通（Pantone）色卡已经发布。型号为潘通（Pantone）19-4052 分经典蓝会成为您 2020 年的主打色么？为什么？

答：家具圈很容易被时尚圈影响。2020 年，在衣服和服饰上，蓝色将成为主打色；先让你，Luilor 在这方面必须跟上。

10. 能否分享您的下一季设计或下一个项目？

答：Luilor 希望推出更多的亚麻和木材质产品。

Giuseppe lasparra

设计师 Giuseppe lasparra 致力各种沙发、桌椅和地毯的设计，注重产品细节，扩展了当代社会对于设计的认知。

不同于市面上转瞬即逝的平庸作品，Giuseppe 的沙发和室内设计受到广泛的喜爱。

设计师孜孜不倦投身设计研究，钻研不同的形式和细节。万物都需要交流、倾诉和表达情感，传播设计哲学——这些特点在其创办的 Longhi 品牌作品中可见一斑。

1. 您如何评价家具和室内主人之间的关系?

答: 家具产品必须在家的空间里为人们创造舒适的环境, 如同一件穿在人身上能完美契合的连衣裙, 同时能彰显个人特色。

家具就如同连衣裙, 如果是特制的契合室内空间与室内主人的, 就更好不过。

2. 您如何描述自己探索形式与细节的过程?

答: 对于形式和细节的研究是个无止境的过程, 但灵感是这其中最重要的步骤。它往往先于研究。

我们在艺术、旅途、接人待物、音乐、香气和一切美好事务上的人生经验, 都会成为灵感的珍贵素材。

3. 近年来, 什么风格的家具最受顾客青睐?

答: 近年来, 家具多以淡雅为主要格调。通过一两件细节出挑、材质高端的家具, 运用简洁的线条就能勾勒出具有透视感的家居氛围。

此外, 不同材质, 比如金属、大理石、木料、布艺和皮革的混搭在当下非常流行。

4. 您如何定义环境友好型家具?

答: 家具的环境友好, 主要着力在其生产环节。

运用环保材料, 并使用新技术改进生产工艺, 应该成为所有室内设计师和公司的设计宗旨。

设计必须保有对自然的敬畏之心并尊重人类的设计成果。

5. 您最喜欢的设计材料是什么？为什么？

答：我喜欢金属材质。它永远让我充满激情。在设计中，金属材质的运用非常灵活，比如产品的内部框架、或者是作品中独特的设计细节，同时，它还可以如同女人脖子上的珠宝一样，成为作品的点睛之笔。

6. 您对于家具设计中的布艺材质运用有何看法？

答：随着纺织工艺和染色技术的持续进步，布艺材质在室内设计中具有很大的优势。

沙发可以通过更换外罩而焕然一新。对不同的布料拼接搭配是及其有趣的，就像我们每天从衣柜中选择不同的衣服配件一样。

7. 在设计作品时，您如何挑选材料？您的挑选原则时什么？

答：原材料的挑选，很多时候是整个设计工作的起点。

我喜欢各种材质的混搭——金属和大理石碰撞；木材和布料拼接。我在选材方面没有特定的章程，但我会根据项目选取适合的材料。

比如，我为 Longhi 设计的 Gordon 系列壁橱，优雅美观，外部采用开司米羊绒包漆。开司米的运用，延续了时尚圈的流行热点；同时，它与大理石柜顶和金属材质设计细节完美碰撞，成品效果出色。

8. 您在布料挑选方面有何标准？

答：布料挑选是季节性的。我先决定要用的颜色，然后根据色彩组合选择布料和其他材料，来设计不同的产品组合。

9. 您对于顾客选购户外布艺家具有何建议？

答：在室外家具上，我倾向于对于室内家具风格的重现。

相对室内家具，室外家具在选择上要尽量注重产品的功能性和技术含量（比如可清洗，可脱卸，防水等）。现代科技的应用使得户外家具的实用性和舒适度达到了相当高的水平。

10. 在您看来，什么样的布料越来越受到家具设计师的青睐？为什么？

答：可定制的布料会更受家具设计师的青睐。我是指布料能够通过刺绣工艺、高清数字印刷或者新型染色技术等方面实现定制，使整个作品独一无二。

它们在设计师中很受欢迎，因为它们给了我们机会通过定制的项目来满足最苛刻的客户。

11. 您会在下个设计作品中用到哪些创新？

答：我会探索环境友好的新型材料，同时重点关注传统和创新的和谐共生。

Chiara Andreatti

设计师 Chiara Andreatti 出生于威尼斯近郊，后搬去米兰，在 European Institute of design（欧洲设计学院）求学，并在 Domus Academy（多莫斯设计学院）取得硕士学位。Chiara 辗转 Raffaella Mangiarotti、Renato Montagne 和 Lissoni Associati 等设计工作室，从业数十年。她服务过的公司客户包括 Glas Italia、Lema, Potocco、Gebrüder Thonet Vienna、Non Sans Raison、星巴克、MM Lampadari、CC-tapis、Pretziada、PaolaC.、Ichendorf、Mingardo e Atipico 等。2016 年至 2018 年期间，Chiara 担任墙纸品牌 Texturae、家居品牌 Karpeta 和瓷砖品牌 BottegaNove 的艺术总监。

2018 年，Chiara 受邀在 Design Miami（迈阿密设计展）上为 Fendi 系列产品的 10 周年纪念设计，其作品最终在意大利和国际主要设计杂志上刊出。(《Domus》、《室内设计 Interior》、《中外生活广场 Surface》、《Rum》、《LIVING》、《卷宗 Wallpaper》、《ELLE 设计》、《符号 ICON》等）

2019 年，她为 Gebruder Thonet Viena 设计的 Loie 系列扶手椅获得 IF 设计大奖。

1. 您出生在威尼斯附近，却选择前往米兰求学。米兰最吸引您的是什么呢?

答：米兰是最成功的设计师熔炉，拥有最优秀的青年设计师，囊括了与领先的工业化生产、国际贸易和独特的艺术氛围息息相关的整个意大利设计史。各种文化和艺术流派在这个城市上空交融，并产生化学反应。对于我来说，比起设计中的技巧和理论，设计氛围尤其重要。否则，设计师很容易陷入一种过于浮躁和不自然的设计困境。在米兰，设计师可以自由发挥，挣脱都市生活的枷锁，随心所欲创作最好的作品。

2. 在创办自己的工作室以前，您曾为 Raffaella Mangiarotti、Renato Montagne 等数家工作室服务过。这些经历对您自身而言有怎样的意义?

答：我曾与 Renato Montagner 合作完成了 Domus Academy（多莫斯设计学院）的毕业项目，并进入他在 Mestre（梅斯特小镇）的工作室工作。然而，很快我就觉得自己在设计上停滞不前；因此，我渐渐希望能够积累更多的设计经验，并去米兰这样的设计之都工作。随后，我与 Raffaella Mangiarotti 建立了真正的友谊，她向我传授了各种实用的设计方法，这加深了我对自由调研、设计想法、公司提案的基本设计流程的理解。我们之间非常默契，这里是我真正设计生涯的开端。此后，在此培养的设计能力帮助我有机会进入 Lissoni Associati 等大的设计工作室历练。我在 Lissoni Associati 呆了 11 年，培养了我对于细节和设计比例的直觉。在大的设计工作室，我们为最好的公司设计，对于每个设计项目的巨大付出，都最终转化为客户对于作品的满意回馈，并能够有幸见证作品最终面世。

3. 设计是一门跨学科的艺术。对于这个观点，您是否赞成? 除了专业的设计知识和技巧，哪些领域还对您的设计生涯有所助益?

答：对于我来说，除了专业知识，调研是设计中很重要和基础的一环。通常，在开始真正的设计以前，我都会从之前见过的事物或者某个细节入手，或者从过去的调研中寻找灵感。从现代艺术到历史建筑，从旅行到手工制作，我很注意观察身边的事物，并做大量的研究学习。这样从调研着手，看起来似乎使设计工作更加艰难，因为你已经失去了原创性。然而，正是后期设计师用自己的语言和风格对于原型的改造，才为最终的作品注入了灵魂。

4. 2019 年，您凭借为 Gebruder Thonet Viena 设计的 Loie 系列扶手椅获得 IF 设计大奖。您能否再多分享一下 Loie 系列的故事? 您是如何设计出 Loie 系列的? 是什么让这一系列作品如此特别?

答：Loie 系列休闲扶手椅，实现了设计的线条感、平衡美和产品舒适性的完美结合。

精致的手工技艺独一无二，是传统与现代的完美结合；木材、藤编和金属材质的碰撞，成就了 Loie 系列独特的魅力。弧形编织藤条扶手、手工的网状靠背、椭圆形的整体框架和白蜡木曲木材质是作品的原创特色，而双轮辐的图案细节则点亮了整个设计。(Loie 系列有两个版本：胡桃木印染版和不透明黑色喷漆搭配铆钉款)。扶手椅经典、简约的美学风格背后，其靠背采用的曲木工艺相当复杂，对于工人的经验和技术有相当高的要求。我非常喜欢作品所代表的传统高品质工艺和工业化生产流程的结合。

5. 您最喜欢的材质是什么? 您又如何描述这种材质?

答：我没有最喜欢的材质，但显然，在设计中我更青睐天然或者从细节方面提升材质。游走在纺织和陶瓷的世界里，我热衷雕琢作品的质感，并精心为空间挑选布艺装饰。此外，我热爱吹制玻璃和工业玻璃。比如，我对自己 Glasitalia 系列吹制玻璃镶嵌金属网格的设计感和其工业生产相当满意。

6. 对于您来，手工艺具有怎样的重要意义?

答：我信仰手工艺的纯粹和力量，并试图用现代手法将其重塑。陶瓷老工艺的质感，存在于正在逐渐消逝的作品中，存在于过去的材料中，或者一个并不完美的却让你会心一笑的条纹细节。我一直探寻如何在设计中将现代工艺和传统手工结合。

Paolo Castelli

CEO & Artistic Director

1994 年以来，Paolo Castelli 担任其同名设计工作室 Paolo Castelli spa Maison 的艺术总监，其旗下有 8 名平面设计师。2012 年，他发表了一系列家具作品，该系列产品目前在全球售卖。Paolo 主持设计了 Paolo Castelli 旗下包括沙发、扶手椅、餐桌、吊灯和各种装饰品在内的全线 400 余件作品。作为一家全球化的设计承包商，Paolo Castelli 的业务遍及 5 星酒店、餐饮、大使馆、高端私人公寓、海船、零售店铺、商务办公室、书店、博物馆和机场等各个领域。工作室有雇员 98 位，与 Michele De lucchi、Antonio Citterio、Piero Lissoni、Jean Michel Willmotte 等全球最顶尖的建筑设计师深度合作。Paolo Castelli 对于优雅设计的追求，促使其在设计领域不段进步。

1. 能否分享您在家具设计方面的设计原则?

答: 高贵优雅是我的设计作品中最重要的原则之一。Paolo Castelli 系列的灵感来源于 30 年代的美学风格,我们在当代设计中借鉴这一风格,并保持其充满大师风格的优雅和精致美。家具和灯光的设计要能够优雅地体现当代公寓特色,进而营造整个空间的设计和潮流之间的和谐共存。

2. 家具的设计和陈设与室内设计风格息息相关,两者相互影响。您同意这种说法么? 您又如何理解这句话?

答: 想要打造集功能性和优雅风格为一体的日常起居空间,巧妙处理家具和空间的联系就显得尤为重要。2011 年,我开始意识到,脱离空间背景和环境而突兀存在的家具设计毫无意义——因此,我决定推出家具 & 设计全景系列(Total look):家具作品基于预定场景设计,与周围环境和谐统一。此外,灯光照明条件与家具的搭配也很重要: 灯光、家具必须与环境融合,联手打造和谐独特的设计空间。

3. 在家具线条轮廓和结构上,您觉得什么样的形态外形才能定义为好的风格?

答: 就我个人来说,我热爱 30 年代的建筑风格,从 Gio Ponti 到 Le Corbusier,从 Van der Rohe 到 Frank Lloyd Wright,再到 Carlo Scarpa,每一种风格我都很喜欢。他们的建筑和家具设计,强调美学主义和功能性的结合,在传统和创新之间保持图案和设计轮廓的

平衡美,重新定义了现代家具设计。他们的作品,放到今天来看,仍然具有重要的参考价值。

4. 不同的材料,由于其独特的物理特性,加工工艺不尽相同。您在材料加工方面,有哪些经验分享和个人建议么?

答: 对于材料的研究,是设计工作的重要原则之一,它指导设计作品的创新。我们有一个内部工作室,用于收集、研究各种材料和加工工艺的作品。

我们致力于为顾客打造美学主义和技术水准并重的独特设计,通过不同的材料搭配和加工工艺,打造不同的产品线。例如,在最近的设计中,设计师选择颗粒质感的厚皮革来塑造作品的纺织质感——交错印花图案的正绒面革、亮面 & 半亮面皮革与不透明皮质形成对比,打造作品的色彩感和体积感。透过复古烤漆玻璃,抛光黄铜饰面与大理石台面的亮色系相遇,强调了作品的轮廓结构,这是经典的意大利手工制造工艺和现代风格的完美结合。

5. 在下一次设计中，有没有您想要试验的设计材料？

答：毫无疑问，我会将关注点转移到高品质环保封层材料上。将设计的优雅大方和环保的可持续理念结合，打造精致的设计空间。

6. 在设计中，您青睐什么样配色方案？有没有什么色彩搭配原则？为什么？

答：每一年，每个系列的颜色搭配，都是经过仔细地调研后产生的——设计师要参考产品类型和当下时代广义的色彩趋势。例如，时尚界能够为预测色彩搭配流行趋势提供参考，设计师将流行色彩与设计风格、顾客喜好和设计师品味相结合，最终形成自己作品的色彩搭配。

7. 您如何看待 3D 打印在家具设计和生产中的应用？

答：我们在利用 3D 打印技术对家具作品进行打板方面已有多年经验。我认为，3D 技术用于从设计概念到产品样品的过渡，非常有用。

8. 在您看来，有没有一些设计原则或者风格（比如极简主义）是永不过时的？如果有，您觉得是哪些呢？为什么？

答：如我所说，我觉得设计师可以通过对于 20 世界上半叶的大师作品的重塑和复盘寻找灵感，并且，他们的作品放到现在仍不过时。原因很简单：大师们对于比例和平衡感的完美把控是永不过时的。

9. 在您看来，意大利手工艺有什么样的优越性？

答：在生产工艺方面，意大利生产工艺通过地区实现细分。这一点，我们从举世闻名的 Murano glass（穆拉诺玻璃）上可见一斑。

在不同地区，古老的手工技术代代相传；意大利人对于手工技艺的热情与商业逻辑结合，保证了产品的卓越品质。

就我个人而言，我一直坚持将手工生产技艺全球化，促进高品质意大利家具的出口，延续 Made in Italy（意大利制造）的骄傲。

10. 可持续的环保理念对您的设计重要么?

答：在我们的时代，可持续发展是设计的基础，我们近期的设计项目，都强调了这一理念。这是人类对于地球的责任。我们在可持续发展上一直不断进步，且早在 2019 年就得到了 FSC（森林管理委员会）的认可。

11. 中国家具行业一直积极向欧洲，尤其是意大利家具设计行业学习。在您看来，中国家具业有哪些优势? 中国家具业如何能发展的更好?

答：中国历史悠久，各种古老的艺术和文化在此交融：在当代，其工业化生产能力也不容小觑。我坚信，中国文化和现代企业精神的结合，能够引领中国同时实现经济效益和设计文化的繁荣。除家具业外，这一看法同样适用于中国的其他产业。

Mark Rielly

Mark Rielly 于 1997 年以项目建筑师的身份加入 Stefan Antoni 建筑事务所；在此期间，对于筹备公司内部家居设计工作室 Antoni Associates 起到重要作用。2004 年，Mark 晋升为公司合伙人，主管 Antoni Associates 工作室。Mark 信奉设计的创造性，在其领导时期，工作室广受美誉，项目遍布伦敦、纽约、巴黎、莫斯科、迈阿密、迪拜、伊维萨岛（Ibiza）、日内瓦、达喀尔、悉尼和深圳等各大城市。在国际舞台上取得成功并实现设计项目全球化后，Antoni Architect 通过品牌重塑，变身为 ARRCC。

ARRCC 先后六次入围 Andrew Martin Interior Designer of the Year Award（Andrew Martin 年度室内设计师大赛）。入围作品包括 2019 年的 Volume 23。Mark Rielly 追求最前沿的室内设计，其客户遍布本土品牌、零售业、公司客户、酒店、娱乐业等各个领域。

Mark Rielly 还是南非设计翘楚 OKHA 的品牌合伙人。OKHA 是一家当代家具与家居装修公司，主要出品本地生产的定制家具。

1. 您曾经说过，ARRCC 致力于增强空间的生命感。您如何理解空间的生命感？它有什么特征呢？

答：ARRCC 坚持国际化和现代风的设计风格。我们的作品，在承袭国际标准下的现代化、奢华风和魅力感的同时，保持空间的低调和永恒，并充分考虑顾客对于生活品质的追求。ARRCC 的设计，抓住"裸感奢华"的精髓，以原生的素材打造空间奢华感，用天然的图案、悬浮型设计元素和推拉装饰增强空间的流动性。我们的作品坚持原生的极简风格、善用精致和富有层次奢华感的有机材料，以柔软的曲线搭配硬朗的造型框架。

2. 您如何定义轻奢？在您看来，这种风格是否会持续流行？近些年来，奢华风有没有什么变化？

答：在我看来，轻奢并不是漂亮昂贵的物品，而是我们对于空间使用的日常体验。日常生活中的感官舒适和愉悦感构成了设计的高贵。在快节奏的现代生活中，片刻的安宁才是真正的奢侈，而能够让用户享受安静的空间就是天堂。比如极简禅宗风格的书架和单本书籍设计已经逐渐取代传统的大面积书架墙来打造高贵感。用户对于空间的感官体验，以及设计师对于材质、灯光和简约风格的把握，是打造永恒高贵感的核心。

3. 您如何理解"家具设计应该适当突出地方特色并尊重项目背景和环境"？

答：每个设计项目都应该参考项目的地点和背景环境。设计师可以与当地手工艺人和艺术家合作，精心挑选能够体现项目文化和地理特色的现代风家具。本地的布艺和工艺品突出了地方特色，能够通过感官和居住体验直接与顾客对话。ARRCC 室内设计不只是简单地设计空间，我们打造居住体验，营造融合传统与高端魅力的活力空间，塑造强调作品的内容和生命力，为意见领袖、时尚带头人和前卫用户设计提供具有强烈奢华感的设计。

4. 您如何挑选家居材质？您对于它们有没有什么要求？材料的可持续环保特性对您来说重要么？

答：ARRCC 作品中的每一件物品都是经过精心挑选、独一无二的。本土原生木材、粗糙的石料和抛光大理石——我们喜欢尝试不同的材料——对比和反差使整个空间充满个性和乐趣。同时，我们也可能与本地供应商合作，就地取材，以保证设计的绿色环保。

5. 在家具的挑选和组合方面，您是否有自己的理念？在您的作品"山居岁月"中，您怎样践行了自己的理念？

答：ARRCC 经过陈年积累，钻研如何为客户提供定制化服务。我们致力于为客户打造充满生命力的空间。经验积累和高标准的自我要求让我们从万千竞争者中脱颖而出，形成自己的风格。我们的设计师不是标准化生产下的螺丝钉。ARRCC 在充分考虑顾客的需求的前提下定制设计，其每一个项目都充满原创风格。我们的设计理念是以高水准的设计审美要求每一个项目打造因地制宜的独特设计空间。

当然，我们在设计流程的持续进步上，仍然任重道远。

6. 您如何看待布艺装饰对于室内设计与装饰的意义？您如何挑选合适的布艺家具？可否分享一些布艺家具配置方面的经验和技巧？

答：我们每一个项目的设计都结合顾客的喜好定制设计，是独一无二的。我们的设计师，青睐中性色彩搭配和天然布材，相比于图案和色彩，更加注重布艺家具的质感和编织工艺。麂皮和亚麻布产生质感的碰撞，精妙的细节打造家具的层次感，为用户提供高品质的感官体验。

7. 在室内空间设计上，您如何决定色彩搭配？在色彩搭配中要考虑哪些因素？室内灯光对于色彩的选择是否构成影响？您认为，在室内设计中哪些颜色比较时髦？

答：设计师通常喜欢中性色调，擅长通过地毯、工艺品和抱枕等重要装饰物来塑造空间整体的色彩风格。设计师青睐中性色彩，但也会通过其他颜色来塑造空间风格。比如，在"山居岁月"这一作品中，顾客强烈要求我们在设计中引入大胆鲜艳的颜色。

室内灯光对于色彩搭配非常重要。昏暗朦胧的建筑最好使用暗色系；而中性的亮色系则更适合明亮、清新的空间。

在最近的作品中，我们经常用到蓝色系。Classic Blue（经典蓝）正巧是 2020 年的 Pantone Color（潘通标准色）。我觉得，我们会在 2020 年的设计作品中，更加经常地见到冷色调搭配。

8. 在您看来，哪些技术会被应用于室内空间设计领域？

答：ARRCC 在数字技术领域行业领先。Revit 建筑模型软件、3D 技术和 VR 虚拟现实等数字技术对于设计至关重要——它们拉近了顾客与设计的距离，让顾客在设计构思、执行和交付等各个阶段，通过沉浸式体验，逐步见证设计作品的实现。

考虑到当下的全球塑料垃圾危机，如果能够利用可回收的塑料材质设计一些标志性的奢华风装饰和家具作品，是再好不过的了。

9. 作为设计师，您觉得事业中最大的挑战是什么？您如何保持自己对于涉及的热情和灵感？

答：生活总是充满挑战。作为设计师，我们有能力让世界更加美好。

我会从许多当代设计师比如 Kelly Wearstler、Christophe Delcourt、Charles Zana、Vincenzo De Cotiis、Joseph Dirand 和 Axel Vervoordt 的作品寻找设计灵感。同时，室内设计也从丰富的建筑传统和区域现代主义艺术中获益匪浅，如巴西的 Oscar Niemeyer、墨西哥的 Luis Barragan、加利福利亚的案例研究所 Paul Rudolph 和开普敦的 Gawie Fagan。此外，我也很喜欢我们合作公司 SAOTA 的建筑设计作品，他们坚持作品的全球化，重视空间的生命感，与 ARRCC 的设计哲学相辅相成。

Adam Court

OKHA Creative Director and Designer

2007 年 Adam 加入 OKHA，任职创意总监。Adam 早年主修美术，先后在电影、时尚和摄影等多个创意领域工作。Adam Court 对探索世界充满热情，凭借其前瞻性以及创造性的设计方法，引领 OKHA 跻身南非最杰出的创意工作室之列。

OKHA 的品牌哲学，是兼顾家具的功能性和设计感。Adam 认为，在当代，仅仅为满足奢华而推出奢华的产品是不够的。高端的产品应该挣脱消费主义的桎梏，在探寻设计的真诚和材料的真实性的本源中找到自己的定位。设计是一门表达个人情感、形式与功能相结合并且永垂不朽的艺术。

Adam Court 青睐具备内在价值和特性且历久弥新的有机材料。

1. 据了解，您过去曾经从事过珠宝和时尚设计工作。你觉得过去的工作经历为您带来了什么？

答：我一直坚持多样化的创意活动——画画、雕塑、写作、设计等。这些活动是我个人情感宣泄的出口；同为创意型活动，它们互相滋养，交叉形成不同的创意灵感。就好比我们去健身房，锻炼不同部位的肌肉，而这些肌肉最终作用在一起，形成强健的体魄和身体机能。不同的创造方式带来不同的探索。我不只单纯聚焦于一种活动，而是调动全部的感官，运用不同的身心体验不时变换创造形式进行不同的探索。

2. 看起来，您对于家具设计的探索，是个美丽的意外。作为设计师，您的创作风格，是跟随本心，与创意不期而遇？还是说，您需要在设计前周密计划，充分准备？

答：我是直觉型设计师。我坚信万物相连，且自有天命。设计师需要与内在的自己沟通，以真诚、热情的态度对待创意；这样，我们的作品才能够与万物的"天命"沟通，产生共鸣。

3. 众所周知，家具设计师需要精通不同材质的特性。在您看来，设计师怎样能够成为材质研究的专家？你们应该掌握关于设计材料的哪些知识？

答：探索、调研、了解设计材料和工艺是设计工作的重要组成部分，而且，它能够为设计工作赋能。

4. 您是如何开始探索家具和室内设计领域的？

答：我要在 Maison et Objet Paris（巴黎家居物品展）上展出手工制造的装饰品，但缺少现成的展台。因此，我们决定自己布置一个符合展品风格的空间——为了衬托展品本身，我们设计了一些极简风的桌子和灯光。在展会上，家具和展示的工艺品一起被卖了出去。这大概是我在家具设计领域事业的起步。

5. 南非对于您的设计风格有何影响？

答：我们每天被大自然包围，这让设计师对于事物的本源和质感更为敏感，例如，石材、花岗岩、木头等各种历久弥新、影响深远且富有表现力的材料。设计师应该在设计中保持简单、真诚，用富有感染力的设计手法，使高贵的作品超越时光流转的界限，散发出永恒、纯粹和神圣的光芒。

6. 您会做什么事情或者有爱好帮助您在设计中保持灵感和创造性的？

答：我在学校主修艺术史，从此，艺术成为我生命的一部分，我一直通过创造或者感悟来追求艺术。文学、摄影、时尚、音乐和建筑都能激发人的灵感。我不断尝试并吸收新鲜事物，它们并不单纯是我的爱好，更是我生命中的一部分。

7. 在您看来，高端奢华风能给我们的生活带来什么？

答：好的设计应该是持久的，让用户既没有必要，更没有想法要频繁更换。高端风应该是关于品质、永恒、纯粹、真诚和表现力的艺术。如果设计能够秉承这些原则，我们生活中的"烦心琐碎"将会大大减少，人们也就更容易聆听到内在的自我。

8. 您如何与时代接轨，在设计中应用新技术？

答：我并没有花很多精力在新技术上；相反，我更倾向于追溯过去，在传统手工艺上下更多功夫。此外，我对新材料、耐用性和经济环保的可回收材质更感兴趣，也坚信这应该是新技术应用的方向。

9. 在进行室内装饰设计时，您如何决定作品的色彩搭配？能否分享一下您的流程或者技巧？

答：我并不主张色彩的大面积夸张运用，而是在色彩搭配上追求朴素、低调，青睐烘托自然的冷色调、中性色或单色空间。我往往会玩味自然色系的细微差别，或者保留自然材质的原色。如果空间中需要色彩点缀，我会将它们安排在艺术品摆件，而不是家具或家居装饰物上。

10. 在家具的挑选和空间布局上，您会考虑哪些因素？

答：实用性、舒适度和设计的表现力是我会考虑的。经过深思熟虑，挑选出真正有价值、富有感染力和功能性的家具。空间内的每一件家具作品，都应该表现出应有的价值并且丰富空间设计的内涵。

11. 您如何为室内设计挑选布艺家具？您的原则是什么？

答：布艺家具，有时能为室内空间锦上添花，有时则能毁掉整个设计。因此，布艺的选择，对于设计至关重要，必须花费大量时间来细细打磨。我钻研布艺如何与图案结合，突出空间，丰富作品的层次感，是否实用。布艺如果能满足以上特点，则能抵御时间的流逝，做到历久弥新。顾客在空间设计上往往耗资不菲，那么，为什么要让错误的布艺选择使设计效果大打折扣？为缩减开支而选择便宜的布艺家具，往往是设计中的大忌。

12. 您如何评价设计项目 Clifton 301？

答：冷峻、宁静、舒适、淡雅。

Giovanni Pagani

步入 Giopagani World Apart 的大门，仿佛置身一个多种结构融合的神奇世界——奇思妙想通过各种各样的家具摆件传递，形成了充满情感、独一无二的设计氛围。

每一个产品系列就像一面镜子，将我们带回属于这个系列的特殊记忆——永恒设计和超现实主义时尚的结合、高端定制时装艺术、严谨的建筑流、充满力量感和表现力的视觉艺术，一个个主题仍然历历在目。

高端定制时装设计师的个人美学风格往往让人印象深刻。经典的设计原则和前卫的美学价值如同设计中能够互通的两个端点。设计师只有经过大量的研究和实践，才能从平凡中创造卓越，用造型和材质打动顾客。

家具、照明、地毯、地板和墙面：各种设计元素相互作用，形成一首美妙的交响曲，打造出和谐优雅的室内空间。

让设计为您的日常生活增添丰富的色彩！

1. 除家具设计外，您也涉足室内设计领域。在您看来，室内设计和家具设计有何不同？它们之间有共性么？

答：在我看来，室内设计和家具设计都是关于塑造空间氛围的艺术，两者可能出发点不同，但创作的过程在某种程度上是想通的。

当设计物品时，我往往从物品所处的环境、氛围、时代，甚至是某些元素所激发的灵感着手。一场演唱会的设计，必须与其所处空间的美学价值相符，某种意义上说来，剧场的氛围决定了演唱会设计的灵感。事实上，物品设计从来都不是孤立的，它们相互关联构成产品系列；每一件物品都代表了一个世界——设计师的灵感通过图案和设计元素传递，构成设计成品。

我信仰这种设计思路。遵从这一逻辑，不同的物品配合，营造空间的氛围；可能单个物品并不夺目，但它们的组合，为室内氛围和周围环境代言，构成了空间设计的灵魂。

2. 在构思物品设计时，您认为自己最主要受哪些风格影响？

答：我自认为是个全面、包容的建筑设计师，并不拘泥于某种设计风格。我的设计风格多样且多变。持续的美学主义研究——相较于建筑、艺术、音乐等单一领域的局限，对于设计界的全面探索，使我的灵感来源丰富多样。我对于形状、物品和环境的设计构思，往往来源于人生中的某些经历；这些多样的经历，通过强烈的设计语言表现出来，构成了我整个作品的核心。人生不同的境遇感染我、塑造我、让我以开放的胸怀拥抱不同的文化——这一切都构成了设计中丰富的灵感来源。正因为如此，我习惯于将不同的经历整理入不同的产品系列，每一个系列都是我过往设计经历的总结：有些探索时尚界的前卫派，有些致敬 Art Deco 装饰艺术；有些反映了 60 年代的流行色彩和声像因素。所有这些不同的灵感，构成了我丰富多彩的设计天地。

3. 关于家具设计，在造型、色彩搭配、风格塑造或材料选择等方面，有没有一些基本的原则需要遵从？

答：在设计中，我主要考虑两点因素——造型和材质，两者重要性排名不分先后。很多时候，物品设计都遵循一定的美学风格，因此，其设计基本是固定的，且极具设计师风格。而有时，极具特色的物品材质决定了设计的灵魂，设计师便会使用简单、干净的线条来塑造轮廓，以突出材质特点。因此，产品的风格，往往是由其造型和材料结合，共同决定的：材料烘托设计造型，并为原有造型锦上添花。

4. 在设计中，材料、造型或者其他因素，哪些是应该最优先考虑的？纵观任何一件物品设计的整个流程，你最喜欢哪个环节？

答：我最喜欢的环节是灵感构思。比如去年问世的 Helter Skelter 系列：这系列作品的灵感，来源于我很喜欢的 60 年代 "垮掉的一代"（Beat Generation）。我将自己沉浸在这个时代的色彩和声像元素里，体会日常习惯、价值观和文化的革新。人们逐渐由小布尔乔亚向更加洒脱不羁的意识形态过渡，整个社会充满了能量，不断鼓励年轻人去探索、去试验。以此为灵感，这一系列的产品色彩大胆夸张，它们相互关联，烘托周围环境，向人们诉说 60 年代社会的热情和洒脱。我选择了极具代表性的颜色和材料，将它们运用在桌子、衣柜和各种软面家具的造型上，向用户诉说我对那个美好时代的向往和憧憬。

5. 您如何选择布艺材料？图案对于布艺家居重要么？您在设计中如何选择布艺图案？您对于图案有无偏好？为什么？

答：材质是创意设计的基础，因此，大量关于布艺材料的技术和美学主义研究对于设计师塑造作品至关重要。对我来说，图案的选择在我设计的过程中自然而然被确定下来：图案不仅仅单纯装点家具，它还是墙面的重要装饰。因此，图案对于塑造整个环境的风格至关重要。

我对于图案的灵感是无穷的：它可以是一张 60 年代的黑胶唱片封面，一位 20 年代俄罗斯艺术家的作品，或者我们生活环境中千千万万的图案。我们的世界充满了图案。将图案用色彩装点，或使用充满历史含义的几何图形，这些不同的设计手法殊途同归，共同构建了我对于图案的美学体验。

6. 您最喜欢的布艺风格是什么样的？为什么？您该如何评价这种风格？

答：我喜欢大胆的布艺风格：布材图案和色彩搭配相辅相成，形成了作品的质感。我喜欢纯色和质地厚实的布艺作品，并且希望布艺的图案风格

能够突出其承载物体的造型。我喜欢观察沙发的软垫，欣赏不同的布艺装饰对于不同设计风格的演绎和诠释。

7. 能否跟我们分享您在设计 Porta Nuova-Aria 塔公寓时的设计构思和想法？

答：我们从建筑所在的地理位置米兰着手构思，以极具现代主义风格的建筑设计，以展现米兰设计的未来——拥有 Porta Nuova 设计的米兰，将成为全面发展的国际化大都市。

我非常喜欢该项目充满米兰五六十年代室内设计和建筑风格的美学元素。在五六十年代，我们开始探索现代建筑，将注意力集中在材料的组合和作品的功能性，那个时代的美学风格也极具代表性。因此，我们的设计思路，是研究过去室内设计领域大师的作品，利用他们对于设计的理解，结合充满新米兰特色的标志性现代主义元素，来设计 Porta Nuova 公寓。

8. 您如何看待空间和家具的关系？以 Porta Nuova 公寓项目为例，您如何理解这个问题？在项目的家具设计上，您主要考虑哪些因素？

答：我们从公寓的功能分区着手，同时考虑了公寓周围的环境特色。我们想要整个房子能够保证具有全景的光线。光线透过一个连续的能够俯瞰米兰的落地窗渗滤进室内。

我们的愿景是通过在整个建筑上使用有机方法，在墙体，地板和天花板覆盖天然材料创造质感并进而塑造温馨且具有表现力的环境。在这个基础上，整个室内空间呈现出从灰棕色到淡褐色的中性色调与柔和调的混合。

米兰新式建筑的历史性诠释的概念同样也应用在家具的选择上，我们在这个项目上也谨慎地采用了这个概念以支持室内的空间装饰。比如整个室内空间没有重复的家居装饰或过多的标志性装饰，保证设计的独特性并与当地优雅的氛围相呼应。

9. 您认为当今的新技术是否改变了设计方法？为什么？您如何在追随时尚潮流的同时保持设计作品的独特性？

答：技术手段在功能性上对设计手法有所延展，使以前很难在纸上表现出来的美学细节能够被更好地表达。我生活在技术不断发展的时代，并且非常乐意随着技术的进步而不断升级工作方法，以使作品能够更加接近我的原始设计构思。

我并不认为设计领域存在单一的潮流：没有任何一种风格，能够同时应用在纽约公寓和伦敦复式楼，或者卡萨布兰卡的庄园与北京的住宅上。所有上述项目都有其背后的故事和对设计不同的理解，因此需要个性化的设计方案来表达建筑本身独一无二的美。

设计的核心，是保持包容开放的态度，博采众长，不断设计出不一样的作品，以避免墨守陈规和单调乏味。单一风格上的完美，绝不是我们在设计道路上应该追求的。

10. 在设计中，您是技术控，倾向于用最潮的技术工具来设计产品？还是倾向于传统设计工作中使用纸和笔？

答：技术手段在设计领域越来越重要，它能够让设计师在设计和施工阶段随心所欲地试验，以更加高效的向相关者解释设计构思。

然而设计最浪漫的部分，仍然停留在设计构思阶段——设计师根据过往的经历，从纸和笔起步，画下最原始的设计雏形。当然，这一原型后期需要不断改良，并用技术手段使其更加可视化、更加容易被理解。

在我的日常工作中，这两部分缺一不可。

11. 您曾经收到过的最好的关于设计的建议是什么？您对想要成为设计师的年轻人有何经验可分享？

答：在早年担任设计师时，前辈告诉我要用各种颜色搭配的思路来构思创作，这能够让我们的作品独一无二，且充满表现力。我一直在设计中践行这个方法。此外，我发现自己的设计构思能够激发其他设计师的灵感，他们在我的造型、材质的基础上进一步加工，创造出属于自己的作品。因此，我一直坚信，设计师不应该固步自封，而是不断突破，不断尝试并为他人提供机会。

我希望有志向的设计师能够从知识积累和好奇心开始。各种传奇的设计故事，都证明了这两项是设计师最宝贵的财富。尽情分析、学习、热爱、拥抱广阔的世界，在艺术、设计、建筑、时尚和音乐的海洋里徜徉。所有这些经历，能够给设计带来灵感，并教会设计师如何创作。从各个领域的知识着手，结合自己对于艺术的感悟，每个人都能形成自己的设计风格。而我坚信，个性化的设计表达是设计工作中最有趣的部分。

12. 能否跟我们分享您最近的设计作品？

答：最近的设计中，我最喜欢的是一个酒店项目——设计师必须利用灯光、材料等元素设计出不同的场景和氛围，以使消费者能够在短暂的停留时间里留下深刻的印象。

酒店设计必须保证极高的美学价值和超水准的个性化风格，才能够让消费者产生记忆，希望重温居住体验，甚至形成口碑效应。

酒店设计是一次有趣而充满创意的体验——设计师不必有所顾忌，可以通过设计尽情表达，甚至运用一些夸张的表现手法。客户对于酒店空间的记忆是设计项目的主要目标，它直接决定了消费者对于酒店的满意程度。

名录

诺华三大材料品牌 | 家具定制服务介绍

高端软体材料制造商 / 高端家具定制服务商

LUILOR®

意大利顶级面料制造商，风格简约、轻奢。

其前沿的理念，经典的设计，时尚的颜色，苛刻的制造，引领着全球家纺行业趋势。

novabuk®

意大利时尚皮艺品牌，独特的艺术皮，自带超强的装饰性和功能性，

源于精良的选材，复杂的后整理，手工打造。

NB®

高格调，高品质，高性价比，现代简约风格。源自意大利的设计，用沉淀十几年的

纺织工艺技术进行国内生产，拥有强大的备货。

官方公众号

家具服务

材料服务

novatex

诺华·中国